U0901516

东隅已逝，桑榆非晚，悟既往不可见，知来者之可追。

失败者后悔过去，成功者关注未来！

与其后悔过去 不如奋斗未来

李秀娟 叶肖山◎著

与其为过去的遗憾悔恨，不如把握现在，开启未来的精彩；

与其为过去的失败后悔，不如努力奋斗，创造明天的辉煌！

图书在版编目(CIP)数据

与其后悔过去　不如奋斗未来/李秀娟，叶肖山著．—北京：企业管理出版社，2013.11

ISBN 978-7-5164-0557-4

Ⅰ．①与…　Ⅱ．①李…②叶…　Ⅲ．①成功心理－通俗读物

Ⅳ．①B848.4-49

中国版本图书馆 CIP 数据核字(2013)第 244159 号

书　　名：与其后悔过去　不如奋斗未来
作　　者：李秀娟　叶肖山
责任编辑：尤　颖
书　　号：ISBN 978-7-5164-0557-4
出版发行：企业管理出版社
地　　址：北京市海淀区紫竹院南路 17 号　　邮编：100048
网　　址：http://www.emph.cn
电　　话：总编室(010)68701719　发行部(010)68701816　编辑部(010)68414643
电子信箱：80147@sina.com
印　　刷：北京市德美印刷厂
经　　销：新华书店
规　　格：170 毫米×240 毫米　16 开本　　13.5 印张　　196 千字
版　　次：2014 年 1 月第 1 版　2014 年 1 月第 1 次印刷
定　　价：32.00 元

前言

在我们的一生中，谁都会遇到令自己感到懊悔的事情。当你由于不小心而犯下严重的错误时，短暂的后悔是无可厚非的，因为有后悔才有醒悟，有后悔才会让自己“吃一堑长一智”，有后悔才能让自己珍惜所拥有的一切。但是，令人感到惋惜的是，很多人往往做不到这些，他们对过去的后悔只停留在消极的追悔中：怨恨自己当初不该那么做，或是假设自己当初没有犯这种错误该多么好……他们就这样不停地后悔过去，一味地沉浸在对过去的留恋和对自己的憎恨中，既不为现在着想，更不为未来奋斗，久而久之，自己也在后悔中消沉。

世上没有后悔药，当“后悔”的事情发生后，反复后悔过去徒劳无益。当过去已成定局，就算你花费再多的时间去后悔也于事无补，我们能做的就是好好把握今天，争取为了明天的美好生活而努力奋斗。

人生路上风雨不断，成败得失相互循环。我们只有看淡生活的得与失、工作的荣与辱，才能做到付出了就不后悔、努力了就不遗憾。正因为不轻易为过去而后悔，我们才得以鼓足勇气扬起人生的风帆，乘风破浪，勇往直前；正因为吸取了过去不努力工作的教训，我们才可以在压力下鼓舞自己，在充满竞争和挑战的职场上全力打造精彩人生；正因为心中有美好的梦想与永恒的追求，我们才更要努力地为未来打拼，拥有奋斗进取、顽强拼搏的人生历程！

任何成功都需要经历很多次失败，需要走无数条弯路。再多的失败和弯路都不可怕，可怕的是在失败过后的过多追悔，在多次弯路之后的一蹶不振。所以，我们要学会把眼光放长远，不管你过去多么狼狈不堪，那都不重要，重要的是让你的现在比过去好，让你的未来比现在好。要做到这些，你就得让自己彻底放下对过去的后悔，以崭新的面貌来面对现在，振作起来为未来拼搏。

在这个世界上,我们始终要坚信这样一个道理:昨天就是昨天,它依然是那个样子,不会因为你的追悔或是眷恋而改变。无论昨天怎么样,一切都将如过眼云烟;无论明天怎么改变,今天仍是属于你的。明天永远属于未来,只要你在今天努力,明天就会被你改变。因此,我们要想拥有明天的主动权,就不要过多地后悔过去,拼在当下,搏在今朝,这样才能为自己创造辉煌的未来!

目 录

Contents

第一章 世间没有后悔药，后悔过去徒劳无益

俗话说，世上没有后悔药。当后悔的事情发生后，一味地后悔过去徒劳无益。我们要尽快从已经成为事实的过去中走出来，积极地寻找解决问题的办法，让自己重新振作起来，把握现在，在失望中寻找希望。

第二章 与其后悔不如奋进，走出后悔才能面向未来

世界上没有靠后悔能够解决的问题，我们无法从后悔中获得任何的收获。因此，当后悔的事情发生后，与其后悔，不如腾出精力为未来努力奋斗，只有这样才能更好地面向未来，拥有美好人生。

第三章 不惧过去的失败，重燃工作的激情

激情是通往成功的必经之路。有了激情，我们可以释放出巨大的潜在能量；有了激情，我们可以把枯燥的工作变得生动有趣。无论我们从事什么工作，只要不惧过去的失败，就能重燃工作的激情，在工作中做出非凡的成就。

第四章 握紧命运的罗盘，重新为未来定位

未来和梦想的实现，要求我们在起点就规划好自己的行程，有目的、有方向地向前飞奔，这样才能到达梦想的彼岸。因此，我们要对自己的人生做出一定的规划，并将它作为命运的罗盘。我们只有握紧命运的罗盘，才能为未来不懈地努力，为梦想不停地奋斗！

第五章 珍惜眼前的工作，对现在负责才是对未来负责

对于每个人来说，工作既是立身之本，也是实现人生抱负、施展才能的舞台。没有工作，我们就失去了生活的幸福之源，失去了实现自身价值的舞台，我们未来的人生也将会变得黯淡无光。所以，我们一定要珍惜眼前的工作，

对现在负责才是对未来负责。

第六章 付出努力,用勤奋迎接未来

勤奋是实现理想的基石,是通向成功彼岸的桥梁,是打开幸运之门的钥匙。不管在哪行哪业,要想获得成功,就得付出足够的努力,用勤奋迎接未来!

第七章 把握工作机遇,主动赢得未来

在职场上,机遇是决定我们能否赢得主动、赢得优势、赢得未来的关键。因此,当机会到来时,我们应该毫不犹豫地抓住它、把握它,为未来努力,实现心中的梦想!

第八章 用业绩证明自己，以不凡的业绩铺就未来的道路

在职场上,我们要想让自己有所作为,就得让老板真正看到自己的能力,而业绩就是最好的证明。只有当你为公司创造出不凡的业绩后,老板才会给你更多的机会,同时你也会找到属于自己的最佳位置。

第九章 不断进取提升自己，有完美的自己才有光明的未来

一个人要想超越自己,就得在工作中从苛求细节做起,用不断进取来提升、完善自己,向着最好和最完美进发。当你以最完美的状态投入到工作中时,你不但会成为公司独当一面的优秀员工,还会拥有一个光明灿烂的未来!

第十章 与其后悔过去，不如奋斗未来

当自己犯下过失时,当过去已成定局时,与其花费时间后悔,不如让自己好好把握现在,为未来奋斗。如果不想让自己在未来对现在后悔,那就走好当下的每一步,为未来奋斗才有实际的意义!

第一章 世间没有后悔药,后悔过去徒劳无益

俗话说,世上没有后悔药。当后悔的事情发生后,一味地后悔过去徒劳无益。我们要尽快从已经成为事实的过去中走出来,积极地寻找解决问题的办法,让自己重新振作起来,把握现在,在失望中寻找希望。

1.

人非圣贤，孰能无过

在我们的一生当中，会遇到各种各样的挫折，难免会因为一时糊涂而犯一些过失，有的甚至会令自己遗憾终生。于是，这些过失，让我们每每想起都会有不快和忧愁。俗话说，人非圣贤，孰能无过？过而能改，善莫大焉。所以，我们要学会忘记这些不快和忧愁，过去的就应该让它成为过去。当新的一天来临时，我们就是一个崭新的人，因为昨天的自己已经回不来了，即便昨天的你再狼狈。在新的一天中，还有很多事情等着我们去做，我们没有必要把宝贵的时间浪费在无谓的争执上。

人生不如意事十有八九。人生在世，不可能事事如意，但是很多人却会因为不如意而不甘、抱怨、气愤、恼怒甚至失望乃至绝望，感叹自己为什么当初没有做好，最终陷入对过去的后悔之中。世界上没有后悔能够解决的问题，后悔也不会带给我们任何好处，我们无法从耿耿于怀的后悔中获得任何收获。只有正视过往，勇敢地面对失败，腾出精力为未来而奋斗，才能够获得美好的人生。

人生在世，千万不要把时间浪费在对过去无休止的追悔中，要振作起来继续新的生活。这个道理虽然很多人都明白，但在生活中却很少有人能真正做到。有的人犯了过失或错误后，会自责、自贬不已，甚至患了厌己症，总觉得别人在责怪自己，感到惶惶不可终日，乃至深居简出，与世隔绝。这样不仅失去了快乐的心境，也影响了自己的精神状态。

对于失败和错误的处理，智者常以达观的态度来看待，他们知道已经发生过的是无法改变的事实，哪怕是刚过去一分钟，也要去勇敢地面对

它，冷静地分析过去失误的原因，吸取有用的教训，重新投入到新的事情中去，避免再出现类似的错误；愚者则会为过去的错误而烦恼，并长时间地陷入其中不能自拔，但是于事无补，除了增加精神上的痛苦之外，毫无意义可言。智者有强烈的竞争意识，可以抓住每个万分之一的机会，享受成功的愉悦；愚者做事没有激情，他们会为小小的过失懊悔不已，更不敢同别人去竞争，他们生活在自己狭小、阴暗的心理空间之中，没有快乐可言。

我们要明白，对于无法挽回的错误，后悔、埋怨、消沉都无济于事，反而会阻碍新的前进步伐，最好的办法就是忘记它，然后重新开始。

春秋时期，楚王请了很多臣子们来喝酒吃饭，席间歌舞曼妙，美酒佳肴，烛光摇曳。同时，楚王还命令两位他最宠爱的美人许姬和麦姬轮流向各位敬酒。

忽然一阵狂风刮来，吹灭了所有的蜡烛，周围漆黑一片，席上一位官员借着酒意，乘机摸了许姬的玉手。许姬一甩手，扯了他的帽带，匆匆回到座位并在楚王耳边悄声说："刚才有人偷偷地调戏我，我扯断了他的帽带，你快叫人点起蜡烛来，看谁没有帽带，就知道是谁了。"

楚王听了，连忙命令手下先不要点燃蜡烛，却大声向各位臣子说："我今天晚上，一定要与各位一醉方休，来，大家都把帽子摘了，咱们痛快地饮一场。"

由于大家都没有戴帽子，也就看不出是谁的帽带断了。

此后不久，楚王攻打郑国，有一健将独自率领几百人，为三军开路，斩将过关，直通郑国都城，此人就是当年偷着摸许姬手的那一位。他因楚王施恩于他，而发誓毕生效忠于楚王。

"人非圣贤，孰能无过。"面对别人和自己不小心犯的过失，我们既要像楚王那样，有宽容别人的雅量，也要像那位因一念之差犯错误的健将一样，能在知错后有重新振作的气度。这么做看似是给别人机会，其实更是为自己创造机会。

纵观古今中外很多伟大的人，他们都曾经在事业的某个点上失败过。

但他们和我们普通人不同的是，他们能很快从失败中恢复过来，并且勇敢地坚持下去，这正是区分成功和平庸的分界线。汽车制造商亨利·福特和动画片画家沃特·迪斯尼早期的商业冒险也曾因犯错受过挫；在接管苹果电脑后不久，创始人史蒂夫·乔布斯被他亲手招来公司的人给踢了出去。他们都从错误中吸取教训重新振作，从而赢得了最后的成功。

从过失或是失败中走出来的过程，其实更具教育意义。它告诉你要做成一件事，你还需要学习什么。通用电气公司的前 CEO 杰克·韦尔奇的职业生涯中，也曾经面临一次严重的打击，那次他在工作中所犯的过失，可谓令他平生难忘。

1963 年，杰克·韦尔奇进入通用电气不久。他率领的团队在测试挥发性化学用品的试验中，引发了一次严重的爆炸。房子的屋顶被掀翻了，幸运的是没有人受重伤，“我的信心也几乎像那栋房子一样被摧毁了。”韦尔奇在他的自传《杰克：凭着直觉走》中这样写道。

在这次过失中，韦尔奇最初曾经深深地自责。但是韦尔奇的经理没有责骂他，也没有惩罚他，而是帮助他关注重点：应该从事故中学习什么，吸取什么教训。经理的这种处理方式，给他上了重要的一课，让他很快地从对过失的后悔中走了出来。

十年后，当他出任 CEO 时，在下属工作犯了错误或是遭遇失败的时候，他不会给予惩罚和批评，也不会就此怀疑他们的能力，而是用下面这句话鼓励他们再试一次：“犯了错误以后，最重要的事情就是从中获得锻炼……从这一点上说，工作是用来恢复自信的。”

由此可见，韦尔奇在事业上的成功，与他对待“过失”的态度有很大关系。试想一下，如果他在那次试验出现那么大的失误后一蹶不振的话，就不会有后来的成就。同时我们也明白这样一个道理，在我们犯了过失后，周围的人，特别是领导对我们的意见和建议更为重要。韦尔奇能很快走出工作失误的阴影，以更多的精力投入到新的工作中去，也与经理的支持有很大的关系。正是经理对他正确的引导，才让他以后成为领导时，能客

观地面对下属的失误。因此，不管你是公司老板，还是管理者，在面对下属的微小过失时，应该有所容忍和掩盖，这样做是为了保全他人的体面和自己公司的利益。

一个人在职场中犯错并不可怕，可怕的是屡次犯错却不懂得悔改，或是沉迷此间不能自拔。那么，要是你在重要的工作中失误了怎么办？以下一些方法可以帮你快速调整：

(1)退一步，深呼吸。工作失误的时候，我们往往会灰心自责，但我们不能让这种自我厌恶的情绪弥漫开来。在采取行动之前，评估一下局势，花点儿时间理清思绪。即使真的犯了大错，压力过大或者过于焦躁也会影响我们思考问题的能力和恢复状态的速度。

(2)承认错误。掩饰问题看起来似乎是个不错的办法，但却会在今后产生更多的问题。如果你在工作中搞砸了，马上认清形势，不要掩饰或美化问题。尽快告知你的老板、经理、同事，让大家一起想办法来解决问题。

(3)不要将责任推给别人。把推卸责任的想法扔一边儿吧，这只会让你的情况更糟，而且会让别人在今后的工作中无法信任你。在责怪别人之前，请重复第一步，理清思绪。

(4)及时让相关人知晓。别让问题发酵，随着时间的推移，问题只会更严重。如果你想继续得到领导和同事的信任，那就在工作失误后尽快告知相关人员。

(5)道歉。你可以这样说："我很抱歉发生了这样的事情，我愿意承担责任。现在我需要各位的帮忙来解决问题，我们能不能一起来讨论下解决办法？"你不需要过于自责，但是要迅速承认错误，这样做有助于你继续向前，而且可以显示出你对工作的重视，即便你在工作中有所失误。

(6)提供一个补救方案。所谓补救，就是要积极面对问题。你可以向老板、经理、同事提供几个解决方案，同时也要接受他们的反馈意见。如果你已经一团糟了，你就更需要大家的帮助了。

2.

职场打拼，我们都会遇到后悔的事

在职场打拼，我们每个人都会遇到后悔的事情，于是在我们身边，经常会听到这样的声音：

“好后悔刚毕业时，没有把第一份工作做好就离开了，到现在也没有找到满意的工作。”

“唉，要是这次工作中不出现失误，我就升职了。我好后悔当时怎么就那么傻呢。”

“我这人怎么这么笨啊，上个月我要是留住那个客户，这个月就不必这么艰难的开辟新客户了。真后悔没有好好劝那个客户。”

“要是我当初不这样做多好啊，事情就不会成现在这个样子了。”

“真是后悔啊，我不该那样做的……”

“我真后悔去年没有好好工作，业绩做得不好，让老板怀疑我的能力了。”

“我因以前频频的跳槽，后悔得肠子都青了。”

……

在职场上，像这样“后悔”的人太多了，当我们做错了某件事情的时候都会很后悔、很自责。但在后悔、自责面前，由于每个人的处理方式都不一样，所以会有不同的结果。有的人会很快地振作起来，也有的人会一次次地犯同样的错误。

刘明辉1983年本科毕业于某重点大学，是改革开放以后中国较早的一批大学生。1994年来深圳后，就职过的公司有亚太软件开发有限公司、龙图软件工程有限公司、中国银行深圳软件开发中心等，一个个都是响当当的大公司。然而，从2011年8

月至今，刘坦面试了近10家单位，没有一家公司愿意接受他。

其实刘明辉的求职要求也不高，他不要求提供住房，薪资期望值每月6500元。他多次对朋友说："过了这么长时间，我也不局限于大公司，小公司也打算试试，但就是一直没有找到工作。"刘明辉2011年8月份开始在网上投简历，至今总共只有七八家企业找他面试，并且面试之后都没有了下文。

论技术和工作能力，毕业于应用数学专业而后又从事了十几年系统分析的刘明辉应该是没有问题的。但是他从1994年至今，共换了七家单位，在同一家公司就职的时间从五个月到两年半不等，最长不超过两年半。他最高的职位是某软件公司的项目经理，最高的月薪拿过6850元。刘明辉说："在面试的时候考技术题，我基本都能通过。对我要求的月薪，对方也基本没有提出异议。但有不少公司都很在意我的职场经历，询问我为什么换了这么多公司，这估计是我求职总碰壁的主要原因吧。"

刘明辉在提到跳槽的原因时，与别人有些不一样。他在离开第一个公司时，是因为当年中了"双色球"彩票的二等奖，扣税以后净得13万余元，打算玩乐一番，于是主动离职，离职当天就后悔了；而离开第二个公司，是因为当时他病了几个月，回来时公司给他安排了另一个岗位，不满之下他就辞职了，不久就后悔自己太冲动；离开第三个公司，是因为他不满意公司给他安排的工种；还有的原因是譬如和客户之间产生矛盾，不愿意再干下去或者公司换老板、被辞退等。

"现在回想起来，每次离职我都很后悔，因为那些困难都是可以克服的，自己争取一下，留下来工作都是没有问题的。"刘坦表示："现在年纪也大了，找工作这么难，确实让我有点慌了。"

从刘明辉的职场经历来看，他找不到工作，很大问题出于自身。他在十二年中跳七次槽，可以说"后悔"了七次，但多次后悔之后，他依旧重蹈覆辙，这可能是很多公司不敢再接受他的主要原因吧。

试想一下，一个求职者在工作中做不到"吃一堑，长一智"，哪怕他后悔一百次，也无济于事呀。这样的员工，哪个公司敢要，又有哪个公司能经受得起员工“一而再，再而三”地犯错误呢？

工作是上天赋予我们每个人的神圣使命，是我们展示才华的舞台，同时也是我们赖以生存的基础。可以说，在我们的生命中，有将近三分之一的时间都是在工作中度过的。在职场上生存，我们不可能都是顺利的，谁都有可能遇到后悔的事。俗话说，常在河边走，哪有不湿鞋的。每天面对着同一种工作的不同变化，自然会遇到困难和挫折。在攻克困难和挫折时，也自然会有失策的时候。但关键是，我们如何在“后悔”之后“重生”，也就是说，后悔不重要，重要的是怎么在“后悔”中发现自己的“问题”，并且改正，然后在下次工作中争取不再有类似的“后悔”。

高乐文曾是一位拿着高薪的医药编辑，负责替药厂撰写相关医药文件，由于他做这行工作已经很久了，所以，他对自己的每项工作都非常自信，时间长了，他在工作中不再像以前那样慎重了。

有一次，一家客户因为先前制造的药剂对人体有害，所以决定停售并研发新药替代，由高乐文负责新药品相关文件与印刷品的编辑。高乐文接过这项工作后，想都没有想，就投入到工作中去了，但是，尽管他像以前那样重复着这项工作，还是不小心把两种药品的名称给弄错了，竟然用了旧药品的名字。

所有已经分送出去的行销以及宣传用的相关产品，包括书籍、宣传品、演示文稿用的幻灯片、录像带等，需要全数收回重制。如此大费周折的返工，不仅耗时耗力耗金钱，还险些给公司带来声誉上的损害。结果可想而知，不但这家药厂终止了与高乐文所在公司的合作关系，高乐文本人也因为这次严重的过失而被公司开除。

离开公司后，尽管高乐文对自己这次工作上的失误后悔莫及，但他及时做了反省，终于明白自己在这次工作中所犯的错误本来是可以避免的，是因为自己的粗心大意，才造成这样的不良后果。由此他得出一个职场真理，那就是，无论你对你的工作多么熟悉，都不能在心理上轻视它。

“要干好自己的工作，就必须用全部的热情和认真的态度来

对待它。"高乐文把从这次工作失败中得出的结论写在纸条上，贴在自己床前的桌子上，以示警告。

高乐文现在已经有了新的工作，虽然也是医药编辑，但他工作的状态却像是第一次参加工作那样认真、负责、谨慎，每年他都会被公司评为"优秀员工"。

身在职场，我们要像高乐文这样，在工作中出现失误时，除了后悔外，还得学会改变自己。工作失误是你自己造成的，能怪谁呢？既然错了就要勇敢面对，不管多后悔也不能再为此而伤心了，因为后悔已没用了，只能面对现实，接受现实中的一切，只有这样才不会让自己活在悔恨、痛苦之中。

人的一生中，谁都难免有"闪失"，会遇到让自己感到懊悔的事，但关键是后悔之后要努力奋斗，不能总在后悔中消沉。当然，我们要尽量少做让人后悔的事，多做让人高兴和夸奖的善事，就如保尔·柯察金所说的那样："当我回首往事的时候，不因虚度年华而后悔，也不因碌碌无为而懊丧，我可以自豪地说，我已经把自己的生命献给了人类最壮丽的事业——为共产主义而奋斗！"因此，只要我们能在"后悔"之后，忘记曾经的痛楚，忘记曾经的不快乐，把曾经的悔恨转换成现在的动力，勇敢地向前走去，不要总想着曾经的美好，你要想着只要努力未来将会更美好！

3. 沉迷后悔，是自毁职业前程

我们每个人一生都会做很多令自己后悔的事情，但是现实生活中，有些人做了错事，事后醒悟过来时，常常自我埋怨，自我谴责，以至自我惩罚，十分痛苦、内疚和懊恼。这种情绪活动就是人们通常所说的悔恨，心理专家说，一个人在做了错事后能知道后悔，并且在后悔中懂得反省，能做到知错改错，这样的"后悔"就有价值；反之，如果一个人沉迷后悔中不能自拔，就会给自己以后造成不好的影响，特别是在工作当中，过于沉迷在后悔中，会让你干不好当前的工作，严重时还会自毁职业前程。

43岁的马国良，在同一家公司待了23年之久。他是一个可以为了工作而付出一切的员工，并且深信只要认真工作，就能给自己和家人带来未来的保障。于是，他对待工作像是在经营自己的事业一样，不让自己犯一点儿过失，尽全力把工作做好。由于对工作认真负责，在公司工作的这几十年中，他几乎没有犯过错误，因此在公司获得了晋升，发展很顺利，收入也很丰厚。于是，他就提议让原本有工作的妻子辞职在家，专职照顾他和孩子们。

然而世事难料，随着现代职场竞争越来越激烈，马国良所在的公司来了很多刚毕业的大学生，这些年轻人在工作中敢于创新，令马国良在感到危机的同时，也更害怕自己失去这份工作。可是，工作上的事情，并不如我们想象中那么一帆风顺。

有一次，马国良因为粗心大意，在给客户打货款时，多写了一个"0"，虽然之后由于公司和他的积极出面，避免了公司巨大的损失。但事后，公司还是对他进行了警告，让他以后注意一点儿。

一般来说，工作中出现失误是在所难免的，只要能在以后的工作中改过就可以了。但马国良并不这么认为，他对自己此次所犯的错误后悔极了，埋怨自己怎么会犯这样的"低级错误"呢，每每想起来就责骂自己。那段时间，一向喜欢工作的他，很害怕去公司，老是觉得公司的领导和同事在背地里议论他。

有时他进办公室，看到几个人在一起讨论工作的问题，他也觉得是针对他。一气之下，就会对同事甩脸子，甚至故意找碴，令同事难堪。在工作中，他和同事合作一个项目时，同事针对工作的一句话，也会让他联想到是他们在嘲笑他……于是，他和同

事的冲突不断，为此，领导专程找他谈话，他却觉得领导是想借此来“报复”他上次所犯的错误。

在这样的心理下，他的工作越做越糟糕，经常出错，他在后悔之后更是看谁都不顺眼。当被公司以“不能胜任工作”为由降级时，马国良后悔极了。在一次次后悔中，他开始厌倦这经常出问题的工作了。

后来，公司因为不景气而遭遇困难，最后被竞争对手并购，公司情况就此急转直下，所有中级主管和一批员工的雇佣契约全部终止，马国良就在毫无准备的情况下失业了。

失业之后，大家忙着各自寻找出路。只有马国良，在遭遇了人生前所未有的职业危机时，因为无法克服内心深处对以前工作失误的后悔而感到绝望至极，甚至产生自杀的念头。这种后悔几乎要吞噬了他：“老天爷，我好后悔啊，要是在工作中不犯那些错误，该多么好啊。”

就这样，等那些和马国良一起失业的同事们已经在新的公司为前程而奋斗时，马国良依然在家中自责着，这种自责让他不想也不敢再找工作。

我们千万不要像马国良那样由于一时的工作失误，沉迷后悔之中。过于沉迷后悔，会让自己变得糊涂而迷失方向，所以不要因为一时的蛊惑而后悔彷徨，不要因为一时的冲动而自毁前程，只有把握现在，才能立于不败。

沉迷后悔，我们会在心里产生阴影，让自己不敢再尝试新的工作挑战；沉迷后悔，我们会对自己没有一点儿信心，更重要的是，我们会不由自主地开始怀疑周围的一切就像马国良那样怀疑同事和领导等。

其实，在漫长的人生道路上，我们都会因这样或那样的过失产生某种悔恨的心情。对大多数人来说，这种不良情绪很快就会消失，不至于影响身心健康，但也有一种人会陷入悔恨的泥潭中不能自拔，甚至失去走向未来生活的信心。这种不良情绪必然会使人体免疫机能减退，导致多种疾病的发生。因此，我们要学会控制这种情绪，不能让它妨碍我们的身心健康及对美好明天的追求。希望那些在工作中经常后悔的人，要学会在后悔中不断地反省自己，让自己在下一步的工作中不至于犯同样的错误。

当我们因为失误而后悔时，重要的是要在悔中求悟，弄清楚自己办错事的原因何在，今后应如何避免，这样的后悔才有意义，才不会陷入悔恨的泥潭。因为这种深思反省不是纠缠于过去，而是放眼今后怎样少做后悔事。

不要因生活中的一些细小过失而后悔，如果事事追悔，恐怕我们这一辈子都会生活在数不清的悔恨之中。如果错已造成，且又无法弥补，则要当机立断，汲取教训，以后不要再犯。这种很干脆的自我警告，比在心里悔恨更有用。

一个人也不要为没有取得预期努力的效果而悔恨。我们在办一件事之前，总不可能准确地预测究竟能否成功，我们总不能等把未来的一切前景都看清楚了、有了足够的把握时才开始行动，只要尽力而为，即使某些努力没有达到目标，依然是值得的，所以，请远离后悔！

4.

出现遗憾，弥补过失最重要

在工作中，当我们做错了某件事情或者出现遗憾时，弥补过失最重要。因为后悔没有一点儿用，要做的就只能是尽量去弥补、修改。如果无法弥补，就要把这件事当做一个警醒，不要让自己再犯同样的错误了。如果只是一个劲儿后悔，只会使自己陷入痛苦之中而疲惫不堪。事情既然是自己做的，就要勇敢地面对，要对自己大声地说："我不后悔！"

相信许多人都气愤在电影《七十七封阵亡通知书》中，那些拿革命烈士的阵亡通知书不当回事的人，但是随着剧情的不断深入，我们会因男主角曹立而感动！

曹立拼尽了自己的全力，包括人力、物力，以及自己的全部家产，到底是为了什么？原因很简单，为的是送一个个牺牲了的战友回家安息，使他们的家人放下在半空中悬了50年的心，并能得到政府和众人应有的尊重和照顾，也为自己和他人弥补过失，使自己的心得到安宁。

由此我们感悟到：为人不仅要宽容，要厚道，更重要的是，无论出现多大的问题和错误，在发现后的第一时间里首先想到的都不该是追查或推诿责任，而应该一刻也不能再耽误地去努力纠正错误，弥补过失！不要再陷他人于不幸，陷自己于不义。

在生活和工作当中，我们难免会有失手的时候，但是一次的失误会成为事业上的危机还是转机，态度决定了一切。你需要的是承认失误的勇气以及逆转劣势的自信与行动力。

张晓钟和林征是同一天进入这家大公司就职的。他俩学历相当，都很喜欢所从事的工作。所以，他们对工作都很认真负责，努力不让自己在工作中犯一点儿错误。

然而任何工作都不可能一点儿错误都不出的。入职半年后，虽然张晓钟和林征一向小心翼翼，但他们仍然在工作上出了差错。原来，公司派他俩负责一个新项目，在给客户发货时，张晓钟不小心把地址写错了，而负责审核的林征却没有发现。等他俩下班发现时，货已经发出了。

面对如此大的工作失误，张晓钟一边后悔自己疏忽大意，一边埋怨林征没有好好核实。张晓钟无奈地对林征说："看来这次失误是挽回不了了，我们要么接受公司的巨额罚款，要么辞职。"

林征却说："现在讲什么都没有用，最主要的是如何弥补过失。"

张晓钟着急地说："货已经发了，如何弥补啊？"

林征说："那我就亲自去发错的那个地址一趟，向他们讲明。"

张晓钟很惊讶："什么？你现在去？咱们都下班了，你岂不是要连夜走？"

林征说："对，我现在就走，这是我写好的请假申请，你明天帮我交给领导。”于是，他连夜坐飞机到了发错地址的城市去等。

林征来到这座陌生的城市，一路打听着来到发错的那家公司，发现这个公司很大。经过和看门人的详谈，得知这家公司也经营他们的货，只不过这公司已经有了合作伙伴。

林征心中有了底后，就去见经理，先向他诚实地讲了自己来公司的原因，接着又耐心地向他讲了自己公司产品的性能。

经理本来对他们公司的产品不感兴趣，但是被林征对工作的责任心所打动，当经理得知林征发错的那些货物的总货款还没有他来回的路费多时，笑着问：“你这一折腾，岂不是让公司赔钱了？”

林征老老实实地回答：“工作失误是我造成的，路费我自己来承担。不过，我现在改变了主意，打算向公司请几天假，来考察一下这里的市场。”

经理嘴上没说话，心里对林征有了好感，心想：“一个公司能培养出处处为工作着想的员工，生产的产品自然也没有问题。”于是，当下决定要了这批货。

这一次错误的发货，不但没有为公司造成损失，还给公司带来了一个大客户，公司只是对他们象征性地点名批评，并没有处罚他们。

此次工作失误，给张晓钟和林征带来不同的启示，在张晓钟看来，工作一定得认真再认真，否则，轻则像林征这样自己赔路费来挽回，重则会丢掉工作。于是，他告诫自己以后不能再犯一点儿错误。

而在林征看来，虽然这次失误让自己白搭了半月的工资，却让他获益匪浅：在工作上，他更加小心了；在发错货的城市，他又开发了几个客户；同时发现，做业务除了打电话，还要多跑市场。

在接下来的工作中，林征开始跑市场，他不但利用工作时间外出，还在假期里到外地旅游，其实是把旅游中的大部分时间用在跑市场上。一年下来，林征几乎把挣的钱全搭到路费上了。

看着林征一次次徒劳无功地四处跑，张晓钟多次劝说：“你说公司又不报销你的路费，你瞎忙什么呀。我听咱们部门主任

说，这半年你老在工作上瞎折腾。”

林征憨憨一笑，说：“我本来就是个新手，只能通过瞎折腾长经验了。”

张晓钟警告他：“你可得注意了，我听老同事说，今年下半年，公司可能要辞退一部分工作能力差的员工。”

林征说：“嗯，我以后会注意的。”

半年后，林征已经拥有一批稳定的客户群，其他同事也纷纷效仿他，开始在外跑市场了。这时的林征，把眼光投向了网络，他发觉网络市场也很有潜力。

当他把这个想法讲给部门经理时，经理笑了，说：“网上市场是很大，可是交易起来却很麻烦，而且风险也很大。咱们做业务的，要想开辟新的路径，可得自负盈亏啊。”

林征听了，说道：“嗯，大不了花钱买教训。”

就在林征忙着开发网上市场时，公司被辞退的员工名单公布出来了，只在工作上犯过一次错误的张晓钟，居然排在第一位。林征不但没被辞退，反而升为副主任。

气愤的张晓钟找到领导理论时，说道：“我在工作中只犯过一次错误，而且那次错误并没有给公司造成损失，怎么要辞退我？”

领导心平气和地说：“任何一家公司的发展，都需要员工不断地创新，既然创新，犯错误在所难免。所以，员工犯错误并不是一件坏事，只要能像林征那样，会弥补过失，就是好样的。你看林征这半年多所开发的新客户，赶上一些老员工几年的工作量了。”

张晓钟不再说话，他终于明白一个道理：“工作犯错后，要懂得弥补过失，犯错就是一种进步。”

一次无心的过错，就有可能为你的职业生涯带来重大的危机。其实每个人在工作上都难免发生疏忽失误，关键是如何弥补过错，化危机为转机。

由此可见，在工作上永不犯错是不可能的，但只要能像林征那样，积极地挽回损失，并且在此次错误中悟出工作的真谛，这样的犯错未尝不是一件好事。所以说，在职场上，一味地拒绝犯错就是拒绝成长；从不犯错的人永远不敢去尝试新事物，会在保守中固步自封直至垮掉。

犯错是为了完善自我，让自己取得进步，只要你不犯同样的错误，每一次错误就是一次成长；永远不犯错误，本身就是一个最大的错误。学会在每次错误中吸取教训、经验，会让你离成功越来越近。因此，在工作出现遗憾时，应该做到如下几点：

(1)诚实面对、立即处理。犯错时，最重要的就是坦白承认。你必须在第一时间让主管或工作伙伴知道，尽快讨论出解决的方法。如果试图掩饰，会让一次可弥补的疏失成为无可挽回的错误。

(2)思考事情发生的原因。回想为什么会发生这样的疏忽，并思考该如何改善，避免类似的情形再度发生。如果是因为自己的技能不够纯熟，可以再接受训练，改善工作技能，提升专业度。

(3)冷静思考当前的处境。很少有人能看清犯错背后所隐含的事实，这代表你在工作上必须做出改变或是重新选择，也许你的长处与这份工作所需要的技能不相符合，必须转换跑道。

(4)拟定未来的方向。挖掘自己的长处与潜能，想清楚自己下一步该怎么做，尽快建立自己的新事业，不要一直陷入先前犯错的情境当中。拖延的愈久，就愈难回到职场上，你必须立即找到未来的方向，做好生涯规划。如果可以因为一次的过失而提升工作能力、找到新的机会，也是一种成功。

5.

世上没有后悔药，在失望中寻找希望

无论是在生活中还是在工作中，我们都会或多或少地遇到一些“后悔”的事情。当“后悔”的事情发生后，我们要尽快从中走出来，积极地去想解决的办法。俗话说，世上没有后悔药。因此，我们要做的就是把握住现在，让自己重新振作起来，在后悔的失望中寻找希望。

在这个世界上，没有令人绝望的环境，只有绝望的人。当你退后一步观察自己，你会在失望中找到希望。只要人不失望，希望之光就会闪亮。当现实中发生的一切不如意的事情像不断涌来的海浪一样，不断地拍打着我们原本已经伤痕累累的心时，我们不要为后悔所蒙蔽，不要灰心，而要在绝望中找希望，这才是一种明智的选择。同时我们还要学会在黑暗中找光明，在痛苦中找欢乐，在丧气中找勇气，在灰色中找明朗，在困惑中找出路，在失败中找教训，在生命中找奇迹。这个过程是挣扎的过程，痛苦的过程，蜕变的过程，也是你拨开乌云见朗日，扫除失败见成功的过程。

这曾经是幸福的一家人：能干憨厚的丈夫，勤劳贤惠的妻子，漂亮懂事的女儿，聪明可爱的儿子。

每到晚上，一家人坐在并不宽敞的房间里，在暖暖的灯光下，一起愉快的享用着晚餐。谁也没想到，这温馨、美好的生活，被一场无情的火灾打碎了。而这场火灾的产生，是因为父亲的一时大意造成的。

那年冬天天气太冷，家里没有暖气，房间冷得像冰窖，父亲为了让生病的女儿暖和一些，就把那个已经坏掉的电褥子修了修，他原本打算女儿睡熟后就拔掉电褥子，可是他又担心女儿冷，在检查了电源没问题后，他就上床睡觉了。然而在半夜里，悲剧发生了。

火灾不仅烧毁了他们的住处,更残酷的是,险些夺去妻子和六岁女儿的生命。虽然勉强生还,但母女俩烧成重伤住进医院,那天价的药费,是他们家想都不敢想的。

在这近乎绝望的处境中,父亲对儿子说:"只要咱们不放弃,任何困难都算不了什么。"

儿子坚决地说:"爸,从今以后,我要和你一起赚钱帮妈妈和妹妹治病。"

那年父亲42岁,儿子12岁。

父亲一边照顾妻女,一边四处筹钱,他向亲戚、朋友借钱时,说的第一句话就是:"我用对妻子、女儿的爱,用我永远不会绝望的心向您保证,这钱,我一定会还的。"

儿子一边上学,一边在课余时间捡废品赚钱。

他们的坚持和真诚,感动了很多人,除了身边的亲戚、朋友、邻居,儿子学校里的老师、同学,都纷纷伸出援手,捐钱为母女俩治病。

一年后,母女俩病愈出院。三年后,他们不但还完了借的钱,还开了一个捐款账号,每年用帮助过他们的人的名字,把钱捐给需要帮助的人。

父亲说:"我这么做,就是想告诉更多的人。当悲剧发生时,不要急着去后悔,而要学会在绝望中寻找希望。一个人只要不放弃,不绝望,任何困难都是纸老虎。"

故事中的父亲,因为一时失误,险些把一家人的性命葬送掉。如果他老是沉浸在后悔中自怨自艾,那么他就会眼睁睁地看着亲人离去。所幸的是,他明白世上没有后悔药,才想尽一切办法振作起来,最终有了一个比较圆满的结局。所以,不管你所处的环境多么恶劣,都要学会积极冷静地去想办法,睁大眼睛,寻找出路。这时你会发现,在自己周围,居然有这么多条路可供选择。同样的道理,也非常适用于我们所在的职场。

在工作中,不管你的处境有多么艰难,只要你永不放弃,就能在失望中寻找希望。希望是一个人生存的精神支柱,无论如何我们都不能放弃

梦想与追求。一个人穷困潦倒不要紧，孤独无助不要紧，落魄无依靠不要紧，失败受打击也不要紧，只要他还有志气，只要他还肯拼搏肯努力，世上就没有什么是不可能发生的。真正的强者不是永不倒下，而是每次倒下后都不为困难所吓倒，每次倒下后都能努力地站起来，做一个堂堂正正顶天立地的男子汉。人生永远没有失败，真正的失败就是从你宣布放弃的那一刻起。

如果不是经历了那么多的后悔和失败，又怎么知道成功的重要。工作，就要干出一番事业，干出一片精彩，干出人生的真实价值。

他叫秦宇飞，曾经有自己的公司，公司在最兴隆时，资产达到上千万。然而，五年前由于他决策的失误，他的事业遭受巨大的打击，公司也险些破产。

当时，他在提议做那个项目时，公司所有的员工都反对，可他一意孤行，使公司陷入困境，于是，很多大客户离他而去，公司的高层职员也纷纷辞职，债主都上门要债。在这种情况下，他才深深后悔自己当初没有听别人的劝说。但他很快明白，再后悔也没有用，自己与其去后悔而徒劳无益，不如在这绝望的处境中寻找求生的希望。

他卖掉自己的别墅和豪车偿还了债务，在亲朋好友的资助下，他缩小了公司规模，几乎是从"零"开始的。那时他住在公司里，和那些留下的员工同舟共济，尝试了很多次，虽然不成功，但他从此次错误与失败中学到许多东西。很多人只是追求成功的结果，而他，却学到了很多经验来避免错误与失败！

五年后，他的公司渐渐地走上正轨并且发展起来。在谈到自己这次重生时，他说："做任何事情，都会有失误的时候，当失败已成定局时，我们要做的不是去后悔自己当初这样做，而是学会从失败中寻求机会。因为成功的经验大抵相似，而失败的原因各有不同。与其后悔失败，不如用同样的时间研究错误与失败，这样才能在后悔所造成的绝望中，寻找到希望。"

在职场上，工作中绝望的处境都是我们自己造成的，要想突破困境，最容易的方式就是像秦宇飞这样，不去后悔过去怎样，而是坚持在绝望中找希望，这样我们才能绝处逢生。

在任何时候，都不能容忍自己因为后悔而变得消极，哪怕遇到了极大的困难，哪怕现实不断告诉我们的似乎只有三个字：不可能。无论如何我们都不能放弃希望，无论如何我们都要搏一搏，拼一拼。因为通往成功的路，是要靠自己用心血与汗水开拓出来的，而不是用“后悔”换来的。只要不放弃，一切就还有希望，一切就不能称之为失败，我们的努力与付出决定最终的结果。

无论你过去多么灿烂和辉煌，多么不堪和狼狈，既然已经过去，就不要去追悔或缅怀，而应在绝望中寻找希望，至少，只要希望在，我们就会不断地奋斗。如果奋斗难以改变现状，我们也不会放弃，我们会把奋斗作为一种人生的信仰，一种生存的方式，把努力当做一种习惯，一种长期的坚持。纵使到处都是黑暗，看不到一丝光亮，我们也决不会闭上寻找希望的双眼，我们一定会努力睁大双眼，期待奇迹出现的一刹那！

人生的结局只有两种：一种是在经历了无数次失败后终于尝到了胜利的果实，另一种就是奋斗了一辈子也没有得到什么。但无论是哪种结局，只要是奋斗过了，我们就不会后悔。

在职场上，我们一定要记住，无论你曾经犯过怎样的过失，也不要把过多的时间花费在后悔上，而要在后悔中振作起来，不要去考虑将来会如何，因为我们知道，不放弃不一定会得到，但放弃了就永远也不可能得到了。所以，我们愿意放弃后悔，在绝望中去寻找那似存非存的希望，在后悔的警醒中去寻找希望。

第二章

与其后悔不如奋进，走出后悔才能面向未来

世界上没有靠后悔能够解决的问题，我们无法从后悔中获得任何的收获。因此，当后悔的事情发生后，与其后悔，不如腾出精力为未来努力奋斗，只有这样才能更好地面向未来，拥有美好人生。

1. 你已经错过太阳，还要错过星星吗

印度诗人泰戈尔曾说：“如果你因为错过太阳而哭泣，那么你也将错过星星了。”的确，在我们的一生当中，难免要面临许多的遗憾，当遗憾来临时，与其纠缠在里面一遍又一遍地后悔，痛苦不堪地折腾自己，不如勇敢地面对，扪心自问，这件事对自己而言到底有多重要，即使再重要又如何，此时它已不属于自己，又何苦穷追不舍。

人生在世，我们必将错过许多，同时又会得到许多，这是一个自然规律，该来的时候自然会来，该走的时候，纵然有再多的留恋，也要表现出良好的气度来，为其送行，记住曾经的美好，就是对以往最好的纪念。

世间没有后悔药，世事也不可能重来。人生只有一次，青春只有一次，时间不会倒流，千载难逢的机会也会稍纵即逝。机会只垂青于那些果敢者，机遇只青睐那些把握自己的人，抓住它，别让它溜走，甄别身边的金子或垃圾，不要丢了芝麻再错过西瓜。

在这个世界上，有些东西注定是回不来了。所以，要错过的，那就让它错过好了。但我们不能因为错过了第一个而忽视第二个，否则，错过了太阳还会错过月亮，一错再错下去，那就大错特错了；走了太阳，还有月亮。成功与机遇相随，而机遇却是一个美丽而古怪的天使……当它降临时，你稍有不慎，它就会弃你而去，让你与成功无缘。

希腊有一位大学者，名叫苏格拉底。一天，他带领几个弟子来到一块麦地边。那正是成熟的季节，地里满是沉甸甸的麦穗。

苏格拉底对弟子们说："你们去麦地里摘一个最大的麦穗，只许进不许退。我在麦地的尽头等你们。"

弟子们听懂老师的要求后，陆续走进了麦地。

地里到处都是大麦穗，哪一个才是最大的呢？弟子们埋头向前走。看看这一株，摇了摇头；看看那一株，又摇了摇头。他们总以为最大的麦穗还在前面呢。虽然弟子们也试着摘了几穗，但并不满意，就随手扔掉了。可是越往前走，他们发现，后面的麦穗还没有前面的大呢，就后悔错过了前面更大的。就这样他们一路比较着，一边低着头往前走，一边用心地挑挑拣拣，经过了很长一段时间。

突然，大家听到苏格拉底苍老的、如同洪钟一般的声音："你们快到头了。"这时两手空空的弟子们才如梦初醒，几乎是异口同声地说："真是后悔呀，不该把前面采摘的那些大麦穗扔掉啊。"

"真没想到，后面的麦穗会这么小。"其中一个弟子难过地来到苏格拉底面前，懊悔地说。其他的弟子也满怀失望地空手走来，叹着气说："真不该错过前面的那些大麦穗啊。"

只有一个弟子，弯下身子，在快到地头时，采了一株大家眼里的"小麦穗"。然后来到苏格拉底面前，说："老师，我觉得这株麦穗是最大的。"

就在其他弟子要嘲笑这个弟子时，苏格拉底接过来说："嗯，不错。"接着他看着他的其他弟子说："这块麦地里肯定有一穗是最大的，但你们未必能碰见它；即使碰见了，也未必能作出准确的判断。因此最大的一穗就是他刚刚摘下的。"

苏格拉底的弟子们听了老师的话，悟出了这样一个道理：人的一生仿佛也是在麦地中行走，也在寻找那最大的一穗。有的人见了那颗粒饱满的"麦穗"，就不失时机地摘下它；有的人则东张西望，在后悔中一再错失良机，让自己既错过了最大的，也错过了最小的，最终两手空空。因此，要想让自己的旅途有所收获，就不能一错再错。这就需要我们忘记过去的后悔，珍惜眼前的，也就是说，把眼前的麦穗拿在手中，才是实实在在的。

这个故事告诉我们，不要因为悔恨过去的所失，而错过现在的所获。错过了就是错过了，没有办法再回到过去，只要珍惜眼前拥有的一切，把握现在，既然已经错过太阳，也不要再让月亮和星星和你擦肩而过。

不要拿失败惩罚自己。人生的许多烦恼常起因于自己，是自己同自己过不去。人非圣贤，孰能无过？如果有了一点儿过错、挫折，就终日沉陷在无尽的自责、哀怨、痛悔之中难以自拔，那么人生就会像泰戈尔所说的那样：不仅失去了正午的太阳，而且将失去夜晚的群星。

若我们错过了白天，就好好珍惜夜晚；错过了昨天，就好好珍惜今朝；错过了太阳，千万不要再错过星星和月亮。只要一息尚存，就不要让新的遗憾诞生。

遗憾，我们每个人都会有，但谁都不愿经历太多。学业，生活，友谊，工作，爱情，事业……一句玩笑，一次争论，一次考试，一个朋友，一种体验，一次尝试，一次分别，一次抉择，两条道路，两种命运……遗憾可能伴随在我们所从事的一切事务中。聪明的人会让失误减少，睿智者会极力规避差错。

一个人若不承认自己的人生有遗憾，那他就是根本不认识自己，更不懂得把握自己，他的人生还将有无数的遗憾等着他。遗憾有大小，也有美丑之别。有的永远压在心底，羞于启齿；有的遗憾，可能使自己念念不忘，牵肠挂肚，终生怀念。那份遗憾也许在外人眼睛里真的稀松平常，可是它对于自己这个特定的人，却是至关重要的。这种遗憾往往衍变成美好的记忆，越是美好，也越能让人痛彻心扉、深深怀念。

我们最难说服的，不是别人而是自己，但成功的机会可能就在擦身而过的瞬间，试问，当我们回想曾经的机遇时，现时的你是否会反思，如果当时我们选择了，结果会怎样？但很遗憾，那个机会已经成就了别人。今天的你最好别再去想过去，当你还在想象，或者抱怨自己过去丧失的机会时，已经错过了太阳的你，还有可能继续错过星星和月亮。因此，不管多么的不情愿，日子依然在继续，最重要的是珍惜当下所拥有的。

其实，我们要想清楚这样一个道理，在失去的同时，我们也在不断地得到。丢失了岁月，但收获了成长。就像“上帝为你关了一扇门，必然为你开了一扇窗”。所以，与其在失去中遗憾与抱怨，不如坦然面对，享受现在。错过太阳，何必再错过星星呢？

保留一份超脱，让不习惯成为习惯；笃守一份淡定，让勇气为承受失去挫折的自己打气。虽然不是每一次努力都有收获，但每一次收获都必须付出努力。

人生在世，请不要一错再错，珍惜拥有，把握现在，脚踏实地，抓住机遇，创造和提升自己的生命价值。学会将快乐与疼痛都沉淀下来，变成今天跳跃在掌心里的阳光，它的温度同样真实。珍惜金色的太阳，珍惜熠熠生辉的星光，也珍惜如银的月亮。

2. 一直为打翻的牛奶哭泣才是真正的愚不可及

“别为打翻的牛奶哭泣”是英国的一句谚语，说的是事情已不可挽回，就别再为它苦恼了。看似简单的一句话，却内涵深刻，牛奶被打翻，不可能重新装回杯中。任你后悔，任你哀叹，任你捶胸顿足呼天喊地，任你三天不吃饭五天不睡觉，任你悔断肠子心疼肝疼胃疼，也肯定不会改变这个已经板上钉钉的事实。它其实告诉了我们一种对待错误和失误的心态：如果一直为打翻的牛奶哭泣的话，那才是真正的愚不可及。

面对打翻的牛奶，我们要明白这样一个道理，那就是再珍贵、再值钱的东西，既然已经被摔破，已是无法改变的事实，你为之感到可惜、心疼如焚、顾之再三，又有什么益处呢？与其对沾满污垢的脏牛奶念念不忘，还不如重新喝上一杯新鲜的牛奶呢。所以，不管在什么时候，都不要为无法改变的事痛惜、后悔、哀叹、忧伤。

励志大师戴尔·卡耐基事业刚起步时，在密苏里州举办了一个成人教育班，由于没有经验又疏于管理，在投入了很多资金用于广告宣传、租房和日常的各种开销之后，他发现虽然这种成人教育班的社会反响很好，但自己所取得的经济效益很糟糕，一连数月的辛苦劳动竟然没有什么回报，收入只是刚够支出，可以说根本没有什么收益。

卡耐基为此很是苦恼，他不断地抱怨自己的疏忽大意。这种状态持续了很长时间，他整日闷闷不乐，神情恍惚，无法将刚刚开始的事业进行下去。最后，卡耐基只能去找他中学时的心理课老师乔治·约翰逊，向他寻求心灵上的帮助。老师对他说了一句话："不要为打翻的牛奶哭泣。"

老师的这句话如醍醐灌顶，卡耐基的苦恼顿时消失，精神也振作起来。"是的，牛奶被打翻了，漏光了，怎么办？是看着被打翻的牛奶伤心哭泣，还是去做点儿别的？记住，被打翻的牛奶已成事实，不可能重新装回瓶中，我们唯一能做的，就是找出教训，改正错误，不再重蹈覆辙，然后忘掉这些不愉快。"这段话，卡耐基经常对学生讲，也经常对自己讲。

老师的一句话让卡耐基如醍醐灌顶，径直投向事业的怀抱，并最终成就了自己的事业。试想一下，如果卡耐基继续为打翻的牛奶而哭泣，那么他可能在后来创造一个又一个奇迹吗？

面对眼前的失败和损失，有悟性的人，一点就透。我们经常会听到有的人讲："如果工作之前我能把计算机学会……""如果我干的不是这一行……""如果我出生在有钱人的家庭……"在这些假设之下，他们总会给我们造成一种印象，那就是如今的不如意不是自身的问题，而是机会和命运让他们错失良机。

心态不一样，看待问题就不一样，结果也会不一样。我们虽然不可能改变三分钟之前发生的事情，但可以设法改变三分钟以前发生事情所产生的后果。这就好比，鸡蛋破了就破了，任凭你怎么看着它、想着它，你都不可能使它重新变成一个完整的鸡蛋了，还不如挥挥手，潇洒地对自己说："破了就破了吧。"然后继续投入到新的生活和工作中去。如果心里整天想着它，怎么也挥不去那个阴影，怎么也摆脱不了那种懊悔，为此反反复复孤枕难眠，只能放大痛苦，带给自己更多更大的失误。

在当代社会，我们更要具有这样的生存智慧，因为在社会激烈的竞争中，我们手中的那杯牛奶也可能被别人打翻。遇到这样不如意的事，我们不要怨天尤人、哭天抹泪，更不能消沉颓唐、心灰意冷。而要吸取教训，重新振作，义无反顾地径直向前。职场上，只有这样的人，才能成为强者，才能事业有成，才能出人头地，才能品尝到成功的喜悦，才会有鲜花美酒的陪伴。

“不要为打翻的牛奶哭泣”，有这样大度的襟怀，有这样的人生智慧，命运或许会给你新的机会，迈过几道坎，拐过几道弯，成功会在那里微笑着向你招手。

我们一定要记住，在已经造成的损失面前，千万不要浪费自己的眼泪。虽然犯了过错和疏忽都是我们的不对，可是又怎么样呢？谁没有犯过错？何况，即使你此时动用所有的人马，也不能再把过去的错误和损失挽回。就算是刚刚发生的事情，我们也不可能再回头把它纠正过来——可是却有很多的人正在做这样的事情。说得更确切一点，我们可以想办法改变刚刚发生的事情所产生的影响，但是我们不可能去改变当时所发生的事情。

唯一可以使过去的错误产生价值的方法，就是从错误中得到教训，然后再把错误忘掉。所以，一定要记住：不要为打翻的牛奶而哭泣，这会让你的生活轻松得多。

3. 与其后悔过去不如放眼未来

在生活和工作中，我们凡事要三思而后行才有可能避免发生后悔的事，这是一种正确的处世之道。然而，一旦你在谨慎小心的情况下，仍然犯下过失时，尽量不要陷入没有任何作用的后悔，而要加以反省、检讨，为未来的成功打基础。

身处在日新月异的今日社会中，我们经常碰到令自己后悔的事情。当后悔的事情发生后，与其后悔过去，不如放眼未来。因为在面对挫败时，反省也是绝对必要的，不要让血汗白费，反省与检讨能有效帮助你面对下一次的挑战。总而言之，光说不练的人永远无法有所收获，不能身体力行也无法真正有所得。在付诸实施的阶段中，你将体会到因失败而后悔的苦果，对于磨炼你的人生着实有着相当大的帮助。

每个人的生活都是由过去、现在、未来组成的。将幸福与过去，现在和未来联系起来，就有这样的说法：今天幸福的根源是昨天的功劳，而未来的幸福快乐，则由今天的努力来决定。所以现在就好像是过去的墓志铭，过去的努力不够，现在就无所谓幸福；如果对现在的生活感到幸福，那是因为在过去为今天的生活打下了许多基础，只有把握现在的每个机会，才能创造未来。不善于抓住现在的机会，也就丧失了营造未来生活的机会。也就是说，对于过去的苦痛，我们可以追忆但不能后悔；对于现在，我们唯有把握住，并加倍地努力和奋斗，才能换取充满梦想和希望的未来。

有一位信徒，在刚加入基督教后不久，他所在的乡村就发生了水灾，由于是凌晨，等他发现洪水时，许多村民已纷纷逃生了。

看着邻居们乘着各种救生物离开，这位信徒开始后悔了，他后悔自己没有早一点儿皈依上帝，才让上帝没有给他准备救生物。眼看着水势越来越大，他只好爬到屋顶上，心里默念着上帝，等待上帝的拯救。

不久，大水没过屋顶，正在这时，有只木舟经过，船上的人差不多要坐满了，见到他，有人喊他上船。这位信徒看到那么多人坐一起，便问："你们都是信徒吗？"

船上大部分人都摇头说不是。他听了，觉得这不是上帝派来的。就告诉对方："不用啦，等会儿上帝会来救我们这些信徒的！"木舟于是离他而去。

很快，河水浸到了他的膝盖，眼看着性命攸关，他开始后悔自己没有乘坐刚才的小船。就在此时，他的一个邻居扒着一根粗木头过来了，对他说："水越来越大，你还不快走？"

他无可奈何地说："我不会游泳啊，我真后悔刚才没有坐上那条船。"

邻居对他说："你可以像我这样扒着一根木头逃生啊，说不定漂着漂着就有机会了，万一能碰到小船呢。"

他摇摇头，说："我现在连命都保不住，哪有时间想未来的事情。我好后悔开始没有坐上那条船。"

邻居见说不动他，只得离开了。半分钟之后，洪水高涨已至肩膀，此时，有架直升飞机放下软梯让他上去，信徒却死也不肯上去，说："万一我不小心踩空了，岂不是送死啊。唉，要是我开始能上了那条小船该多好啊。万能的上帝啊，我相信你会马上再派一只船来救我的！"

见他执意不肯，直升飞机又离他而去了。

就这样，信徒一边不停后悔开始没有坐船，一边又满怀"希望"等待上帝来营救，终于被不断上涨的洪水淹死了。

这个信徒死后升入天堂遇见了上帝，当他抱怨上帝见死不救时，上帝大叫起来："你还要我怎样？我已经派去了一条船、一个人和一架飞机去救你，可你除了不停地后悔外，就是不肯逃生。"

信徒听后无地自容，又开始后悔当初没有把握住那条小船了。

人生何尝不是如此！我们经常像这位信徒一样，不停地后悔当初，从而导致自己没有未来。所以，从现在开始，与其后悔过去，不如为未来奋进，因为你现在的每个行为，都可以影响到你未来将过怎样的生活。现在的想法，现在的生活方式都决定了未来的命运。可是，有太多的人不愿为未来而努力工作，就像信徒等上帝的来临一样，守株待兔，空等好运的出现，导致他连最后一个机会也错过了。

世界上没有后悔能够解决的问题，后悔不能带给我们任何好处。因此，当后悔的事情发生后，与其后悔，不如腾出精力为未来而努力奋斗，只有这样才能面向未来，才能够获得美好的人生。

面对后悔，真正聪明的人，不会沉浸在对过去的后悔中，而是努力去寻找幸福,把握每一个现在,为未来创造幸福。只有那些悲观的人,只会为过去的得失后悔,从不抬眼看看前方,这样的人,何来的未来?

聪明的人不管遇到多么大的失败,都会不停地奋斗着,努力着!他们会把过去的残局收拾好,从一些小事开始,每天不断地充实自己,不断地寻找机会,把现在的每一个想法付诸行动。而这些人最终在未来的岁月里硕果累累。

不积跬步,无以至千里。如果不把握好现在,怎么能达到快乐的未来呢?每一个人都应该将现在作为创造美好未来的舞台,踏踏实实,一步一个脚印地去全力以赴,才能以胜利的姿态拥抱未来。

4. 失败者才后悔过去,成功者只关注未来

在职场上,在"失败"面前有两类人,一类人是为自己的失败寻找借口,他们会以"后悔当初不该轻信"或是"后悔当初选错了行业"等等来为自己做错了事情找借口。他们天天生活在后悔当中,总是在为昨天的事情而烦恼不止。

还有另外一类人,虽然他们在人生的道路上,也有过失败、迷茫、挫折,但是他们不会为昨天的失败而哭泣,而是在失败中迅速调整自己,把损失降到最低点,把危机当成转机,为未来的成功而努力奋斗,这类人就是成功者,无论在什么情况下,他们永远只关注未来。

由此可见,一个人能不能成功,跟他对待失败的态度有关系。面对曾经的失败,失败者会选择后悔过去,而成功者只关注未来。

对于一个成功者来说,即使他们摔倒了,也不是想着摔倒之后的损失,而是想着如何再一次爬起来。即使自己过了而立之年,也一样具有雄

心壮志。这是人与人之间的差别，也是失败者与成功者的差距。失败者习惯于后悔过去不该怎样，成功者却只关注未来应该如何。

李嘉诚是华人的传奇，他的辉煌史为世人所传颂。除了拥有巨额的物质财富以外，其精神更是为世人所称赞。这个管理着遍布57个国家业务的商业帝国首富，在创业之初，也遭遇过失败。

李嘉诚的身边一直保存着他第一块手表的包装盒。他对人说："这里面没有珍宝，也没有秘密，但它却是一个教训。"

这个教训可以回溯至1950年代李嘉诚创业之初。1950年，在其塑料花工厂成立时，为了节省微薄的租金，李嘉诚选择了一个货仓做工厂。

不久之后，因香港连降暴雨，刚刚添置的塑胶机器全部被雨水泡坏，结果开业后不到两个月就需另觅厂房经营。李嘉诚并未以"运气不好"为由怨天尤人，而是开始思考，未来每做一件事，都要将各个环节考虑周全，并给自己留出余地。

后来，李嘉诚收到塑料花买家付款的一张期票，讲求信用的他，随即给原料供应商开出一张期票作结数，希望到时买家支付的款项存入自己的户口后，供货商也可兑现李嘉诚的期票。

不巧的是，李嘉诚的买家并未能履行承诺，而并不富有的李嘉诚必须为自己的信誉东拼西凑，可惜仍未能凑足所需数目。

在面临这样的困窘局面时，李嘉诚并没有气馁，也没有因为当初过于信任买家而后悔，而是想尽一切办法来解决问题。

幸运的是，他平时会随手把多余的硬币放在那个包装盒里，更为巧合的是，这些无意间积攒的硬币居然凑足了这个不足之数。

这种硬币付款与今天千亿现金的关联，外人很难想象。但对于李嘉诚而言，他能从5万元的积蓄和借款发展出12家总市值逾万亿港元的上市公司，根本而言，正是因为他能够从最微小的教训中学得避免犯大错误的方法。

李嘉诚从初次创业的这些失败中总结出：未来要想比现在

好，就得做出充分的准备。多年后，当他有钱买下一艘游艇时，已经被训练得极为谨慎的李嘉诚订购了两个引擎，两个发电机，以备不时之需。甚至，如果两个都坏掉，他船上还有一个有马达的救生艇。

由此可见，李嘉诚在早年商业生涯中，也曾经像我们这样犯过错误，但他却将这些错误提炼为新的人生哲学，为未来的成功打下了基础。如果李嘉诚在失败面前，也像那些习惯于后悔的人一样，一味地回忆、懊悔过去，而不思考未来的话，那么他的事业就不会像现在这么成功了。

我们每个人都不要低估了自己的能力，浪费自己的才华，不管你过去做得多么成功，或是多么失败，你都不要再去留恋或是后悔，而要把握现在，关注未来，相信现在比过去做得好，而未来也比现在好。只有这样，你才不会后悔过去。

在职场打拼，我们要始终明白，一个人成功与否，固然跟能力大小有关系，更与思想有关系，如果内心想着失败，那么绝无成功可言。如果内心坚信成功，那么成功指日可待。成功者永远只关注未来，看一个人能不能成功，不要看他今天的成就，更要了解他今天的思想。

如果一个人谈话，开口闭口只是谈论他的过去，他曾经的辉煌，那么可以看得出来，这个人已经到了成功的巅峰，他的人生不会再有太多的作为。

成功者永远关注未来，他们不管今天是失败也好，成功也好，都不会回头欣赏自己的脚印，而是相信前面的风景更美好。因此，看一个人是不是人才，其衡量标准就是看他是后悔过去还是关注未来。

成功者往往是逆向思维，他们关注的不是今天的市场，今天的收获，成功者站得更高，看得更远，他们更关注明天的市场变化。成功者关注的是过程，而不仅仅是结果。他们是一群创造奇迹的人才，而不是等待着奇迹发生的人。成功者明白，只要努力，一切皆有可能。一个人只要他今天的事做对了，即使这个人今天一贫如洗，明天一样可以富甲天下。

我们要想成功，就不要老是后悔过去，被眼前的困难吓倒。要坚信方法总比困难多。人生是追赶一生的成功，而不是一时的成败。一时的困难怕什么呢？哪个成功者没有经历过困难或挫折？

失败不可怕，失去斗志才最可怕。失败者之所以后悔过去，是因为他不相信自己还有美好的未来。成功者之所以关注未来，是因为他相信自己的明天一定更美好。所以相同的困难发生时，运用不同的思维方式，就会产生不一样的结果，失败者在困难中倒下了，成功者在困难中变得更坚强了。因此，我们事业的成败，就在于我们对这件事情产生的想法和做法，因为失败者在后悔过去中放弃，而成功者在关注未来中坚持，这既是决定能否赢得事业的关键，也是我们人生命运的差别！

5. 只有淡忘过去的失败，才能收获未来的成功

“失败是成功之母。”相信这句广为流传的名言，我们很早就知道了。它告诉我们，失败并不可怕，只要我们善于从失败中汲取教训，就能为未来的成功奠定基础。如果我们在失败面前凄凄惶惶、自怨自艾，或者对自己的错误遮遮掩掩、不敢正视，那就永远只能陷入失败的泥沼不能自拔。因此，我们只有淡忘过去的失败，才能收获未来的成功！

淡忘过去的失败，我们才可以腾出更多的空间，开始对未来有新的思考；淡忘过去的失败，才能放下压抑的包袱，轻松地迎接未来；淡忘过去的失败，把握现在努力奋斗，才能收获未来的成功。

有人说：淡忘过去的失败，是为了未来的成功，因为只有淡忘那些不快乐，才能不为一时得失所羁绊，在今天振作起来，轻松地面对未来的再次考验，体味人生更多姿多彩的篇章。

我们要明白这样一个道理，许多的事情，总是在经历过以后才会懂得，在得到与失去中慢慢地认识自己。其实，生活并不需要这么些无谓的执着，没有什么真的不能割舍。莎士比亚说：“再好的东西都有失去的一天，再深的记忆也有淡忘的一天，再爱的人也有远走的一天，再美的梦也有苏醒的一天。该放弃的决不挽留，该珍惜的决不放手。”

人的一生犹如一次长途的跋涉，不停地行走，沿途会看到各种各样的风景，历经许许多多的坎坷，如果把走过、路过、看过的都牢记心底，将承担怎样的重负？阅历越丰富，压力就越大，何不一路走来一路淡忘，永远保持轻装上阵？过去的已经过去了，时光不可能倒流，除了吸取经验教训以外，又何必太耿耿于怀！

请淡忘过去的失败，一切从零开始，迈开新的前进步伐。淡忘过去的遗憾，就能放下包袱，轻装上阵；淡忘过去的后悔，就能珍惜当下，知足常乐，活得更加轻松自在；淡忘过去的失败，就能充满信心，勇敢地面对未来新的挑战。

1928 年，沈从文被当时任中国公学校长的胡适聘为该校讲师，沈从文那年才 26 岁，而学历也只是小学文化。当他带着一身泥土气息，闯入上海后，在短短的时间里，他就凭借着一手灵气飘逸的散文而震惊文坛。

但是，名气不是胆气。在他第一次走上讲台时，慕名而来听课的人很多，面对台下满堂渴盼知识的莘莘学子，这位年轻的大作家竟呆了整整 10 分钟，居然一句话也说不出来。

好不容易鼓起勇气开始讲课了，原本准备好的讲授一个课时的内容，被他三下五除二地用了 10 分钟就讲完了，离下课时间还早呢。怎么办？

他没有天南海北瞎扯撑面子，而是老老实实拿起粉笔在黑板上写：“今天是我第一次上课，人很多，我害怕了。”他真诚的行动，引来全场爆发出一阵善意的笑声。

胡适知道后，对沈从文的坦言和直率大加赞赏，认为讲课成功了！没过多久，沈从文就从这堂“失败”的课中，找到了失败的症结，他很快对自己做了调整，在后来的讲课中，能做到挥洒自如了。

沈从文能很快地摆脱第一次尴尬的讲课，是因为他能做到淡忘过去

的失败，才让自己接下来的课讲得生动。

一个无法淡忘过去失败的人，常常会连今天也失去；沉迷于昨日，很可能会错过人生美丽的金秋。活在昨天里不愿意面对今天和各种变化，当发生新变化时，只会茫然不知所措，只会面临淘汰的境地。时间不会等我们反思自省，我们能做的是淡忘过去的成功、失败和遗憾，致力于明日的美好！不要等到老的时候才知道享受人生，才发现自然的美妙！

我们应该记住某些事，但我们更应该淡忘某些事。有些人、事，原本早该淡忘，可是无论过去多久，却依然能清晰地感觉到它一直固执地在心底，刺痛着我们的心，有人说这叫刻骨铭心。当有一天，这些夙愿连成了时间的线，画出被记忆流放的符号，也许只是一只未完成的罗盘，给予了方向，也迷失了方向。

淡忘过去的失败，能使我们走出失败的阴影，走出自卑的泥潭，走出痛苦的深渊，重新认识自己；淡忘过去的失败，能使我们走过单纯、幼稚的昨天，走向成熟、自信的明天；淡忘过去的失败，能使我们向一个日臻完美的人迈近。淡忘过去的失败，并不是淡忘过去的一切，只是淡忘毫无意义的经历，是“去粗取精”。

人生不可能像唱片一样可以倒过来再放，更不可能选择下一曲。最珍贵的不是“得不到”和“失去的”，而是把握现在。用一颗平静而感恩的心好好珍惜今天，憧憬明天。只要今天我们努力过，我们就无愧于自己。只要我们活得问心无愧，我们就会活得轻松、快乐、充实。大浪淘沙，历练成金，我们只有淡忘过去，才能成就未来！

第三章

不惧过去的失败，重燃工作的激情

激情是通往成功的必经之路。有了激情，我们可以释放出巨大的潜在能量；有了激情，我们可以把枯燥的工作变得生动有趣。无论我们从事什么工作，只要不惧过去的失败，就能重燃工作的激情，在工作中做出非凡的成就。

1.

激情是工作的灵魂，激情让工作更出色

激情是工作的灵魂，是打开梦想之门的钥匙，激情让我们的工作更出色。在工作中，当你拥有了激情，就拥有了一把开启成功之门的钥匙。每个人的成功，都离不开对自己事业的那份炽热的激情。

我们的激情都来自自身潜质，这是一种心理内在固有的基因，是我们自身品质、精神状态和对事物认知程度的一种外化表现。从这个意义上来讲，激情是我们自身潜在的无穷无尽的财富。

在职场上，如果一个人对工作没有激情，那他注定难在工作上做出成就来，更别说实现自己的事业梦想了。我们很难想象，一个对自己手头正在做的事情没有一点儿热情的人，如何能把事情做好。

当你满怀激情地去工作时，你会跨越自己，超越平凡。因为激情会让你在工作中体现出一种与众不同的气质。激情让你朝气蓬勃，永葆青春；激情让你永不厌倦自己的工作，全力以赴地做好它。拥有激情，终有一天你会做出与众不同的成就。

激情是生命力的象征，有了激情，梦想就有了希望。人的价值可以通过成就一番事业的方式来实现，我们为社会、为公司创造的价值越多，收获的回报也越多。

现代职场上，有些人并非缺少才华，他们在某一领域里的丰富知识甚至令其他人望尘莫及，但他们的事业并不见得有什么起色。有些人不一定具备渊博的专业知识，但由于充满了热情，反而创造出了显著的业绩。

吴启华从学校毕业至今已经5年了，一直待在这家公司。在他来这家公司前，他是一个对什么事都充满激情的人，并在心里对自己说："我一定要做好这份工作，并且希望在未来十年中，靠着自己的努力，做到总经理的位置。"

他刚来时，是经理助理。在担任经理助理的两年中，他每天早10分钟到公司，只要一进入办公室，就像他刚参加工作时一样，不知道哪里来的精神和激情，对工作既敬业又热情。

两年后，因为前任HR离职。他从三名候选人中胜出，晋升为HR经理。

领导和同事对他的评价是，不但具有亲和力，沟通能力强，处世圆滑懂得应变，而且与上下级关系处理得很好，可以较好地把握好公司的人际关系，更为重要的是，他能在工作中保持永远的激情，几乎从来没有在工作中出现过厌倦的情绪。

其实，他的前任HR经理在人力资源各方面都比他专业，即使是每周汇报工作的PPT文档都相当规范，但他在公司就是人缘较差，特别是在工作时，有时会感叹工作的平淡无味，有时会心烦工作的琐碎繁重，有时会因工作上的某种失败而气馁。

前任HR经理在工作上的这种情绪，经常会影响到同事。同级的部门有90%以上都不喜欢他，每逢开会，但凡是他提出的建议或意见，几乎从未被采纳过，哪怕是对公司有益的，最终严重影响到公司的正常工作，最后老板只好叫他打报告走人。

有新来的同事看到吴启华工作时的样子，忍不住问："你和我们一样，每天重复同样的工作，怎么能把工作做得这么出色？"

吴启华笑道："这是因为我对工作满怀激情啊。"

同事惊讶地问："激情？"

吴启华点头道："我觉得没有激情就做不好工作，但光有激情是不够的，还要借着激情付诸行动，不能光说不做。激情让我总是高标准地要求自己，努力把工作做得更好。"

吴启华成为HR经理后，工作更加出色，三年后，由于他较强的管理能力，总公司决定任命他做大区总经理。就这样，吴启华在短短5年后，就提前实现了他的事业梦想。

在向朋友谈到成功秘诀时，吴启华说："很简单，就是对工作满怀激情。当你对工作拥有激情时，你会为了把工作做好而全力以赴的。"

这就是激情的力量，它不但能让你把工作做得更好，还能指引着你提前在工作中实现梦想。正是这种激情的力量，使吴启华在短短五年的时间里，连续两次获得晋升。由此可见，那些成功的人之所以能成功，就是用自信、务实的态度和精神来诠释着激情，实现着梦想，完成使命。

通往梦想的路有很多，但是否投入激情却只有一种选择。因此，在职业选择上，你不要太关注你不喜欢的地方，而要关注你喜欢的地方，这样你才能对工作拥有激情。任何工作，包括所谓的"好工作"，都会有让人激情消失的那一天，所以，我们一定要把这份激情在工作中坚持下去。

在许多大公司高层的价值观中，激情工作是极其重要的一条，他们要求员工每天都要以饱满的激情投入一天的工作，并坚信自己一丝一毫的努力都是对科技事业发展的贡献，都将对千万人的生活产生积极的影响。以这样的激情去对待工作，自然能收到好的效果。

我们可以想象，一个没有工作激情的员工，别说创造业绩，连高质量地完成自己的工作都难。只有那些对自己的愿望有真正热情的人，才有可能把自己的愿望变成美好的现实。

一个人如果仅仅是勉强完成职责，那么，他做起事来就会马马虎虎，稍遇困难就会打退堂鼓，很难想象这样的人能始终如一地高质量地完成自己的工作，更别说能做出创造性的业绩了。如果你不能使自己的全部身心都投入到工作中去，你就难以得到成长和发展的机会，无论做什么工作，都可能沦为平庸之辈。

只有热爱工作，才能把工作做到最好。一个人在工作时，如果能以精进不息的精神、火焰般的热忱，充分发挥自己的特长，那么即使是做最平凡的工作，也能成为最精巧的工人；如果以冷淡的态度去做哪怕是最高尚的工作，也不过是个平庸的工匠。

激情不仅是一种情感，更是一种道德追求和人生信念。激情是一道光，照亮人生的路；激情是一阵风，吹落工作的尘。可以这么说，激情是工作的灵魂，甚至就是工作本身。当你满怀激情地工作，并努力使自己的老

板和顾客满意时，你所获得的利益会增加。而工作中最巨大的奖励还不是来自财富的积累和地位的提升，而是由激情带来的精神上的满足。

每个公司都欣赏满腔热情工作的员工，每个老板都会给满腔热情的员工提供更多的机会！这是一个满怀激情的时代，各种新兴的事物都等待着那些充满激情而且有耐心的人去开发。各行各业，人类活动的每一个领域，都在呼唤着满怀激情的工作者。

让我们做一个富有激情的人吧！这是一种挑战和荣誉，看起来并不容易。但我们信赖并尊敬这样的人，他们以此为目标，不断地向其靠近再靠近。

2. 激情是工作的动力，工作因激情而精彩

在工作当中，激情是不断鞭策和激励我们向前奋进的动力，工作因激情而精彩无限。当你在工作中注入激情时，会让你不畏惧现实中所遇到的重重困难和阻碍，向着成功前进。

一个人无论多么喜欢自己的工作，工作多多少少都会给他带来压力，有来自工作本身的，有来自周围环境的，也有来自自己的。面对压力，一味忍受会导致死气沉沉或者抑郁症，只顾宣泄则会带来无尽的唠叨或者解聘书。而能让我们远离这种困境的是工作的激情。

激情能让我们对工作保持高度的热爱，就是把全身的每一个细胞调动起来，完成内心渴望完成的工作；激情，就是一种强烈的情绪状态，一种对人、事、物和信仰的强烈情感；激情，就是一盏指路灯，时时指引着我们工作，让工作焕新出彩。

工作激情是一种热情洋溢的情绪，是一种积极向上的态度，更是一种高尚珍贵的精神，是对工作的热衷、执著和喜爱。它是一种力量，使人有能力解决最艰辛的问题；它是一种推动力，推动着我们为了自己的工作而不断前进；它具有一种带动力，洋溢于表，闪亮于言，展现于行，影响和带动周围更多的人热情地投身于工作之中；它是一种无私奉献的精神，指引着我们的工作方向，让工作充满新鲜感。

激情是可以传递和相互感染的，经常与激情人士为伍，感受他们充沛热忱的魅力，感受他们对人生和工作的理解追求，自己也会变得激情起来。这就是为什么全球发展最好的微软公司，在招聘员工时最重要的一条，就是要有激情。在他们看来，当一群激情四射的员工在一起时，他们的激情会相互感染，才让他们在工作上屡有创新。

微软公司每年都会从学校刚毕业的“新鲜人”中招聘员工，这些人几乎占被录用人员总数的80%以上。公司雇用刚毕业的“新鲜人”的目的只有一个，主要是从激情方面来考虑的。在微软看来，那些“新鲜人”投入工作的激情很高，更善于掌握新知识，对问题更敏感，更能发现各种不同知识领域间的联系，容易激发对工作的狂热，发挥自身的潜力。

今天的微软能成为全球最大的公司，就是缘于员工对工作的狂热激情，微软前副总裁李开复在谈到微软公司员工对工作的激情时，说过这么一件事：

每到周末，李开复喜欢约上几个同事到外面钓鱼，借此来放松一下。那时，公司里有一位年轻的研究员引起了他的注意，这位研究员来公司十几年了，对工作依然充满热情，经常通宵达旦地工作。

那时，李开复也曾经多次约他出去玩，但研究员总是推说没时间，却独自一个人开车出门，问他去干什么，对方回答说：“去约会呀，我周末的时间，通常都是和女朋友共度的。”

直到有一天，李开复因事来到公司办公室，推门看到这位研究员在电脑前认真工作时，不由得奇怪地问他：“你今天不是去见女朋友吗？她在哪里？”

研究员笑着指着电脑，很有意味地说：“呵呵，这不就是她吗？”

李开复也笑了，问道："你周末说的去见女朋友，就是在这里工作吗？"

研究员点点头，说道："是呀，工作带给我的激情，和恋爱一模一样。"

微软为什么能成为国际化的大公司？这位研究员对工作保持的这种十年如一日的激情，就是答案。

在微软，像研究员这样对工作充满激情的人，多得数不胜数。一个公司，如果拥有一批对工作有着如此狂热激情的员工，没有理由不成为世界上最好的公司。难怪一位微软的高层董事说："在微软工作，激情与聪明同等重要。"

由此可见，对工作的激情，来自于刻骨铭心的追求和挚爱，倘若没有一定境界的追求和挚爱是不会有激情燃烧的。

我们每个人每一天都要工作、生活，如果以消极的态度去面对，换来的会是一般的结果甚至更差；但只要我们抱以积极的态度，把每一天当做新的一天来看待，保持对现有工作的敬仰和对未来的不懈探索，在这种心态下，潜伏在内心的激情与梦想的动力，会随着我们全身心的投入而点燃。

从拥有工作那天起，我们就得满怀激情，并且要一如既往地保持激情，从一开始工作就要注意，因为好的开端是成功的一半。而对于缺乏甚至是已经丧失激情的人来说，重新获得不是不可能的事，首先是开始学会调整自己的心态、情绪，不把消极的态度带到办公室，然后把现有的工作按照合理的方式依次做完，让自己品尝到成就的感觉，久而久之会因为激情的释放而带来更大的成就感。

激情是不断鞭策和激励我们向前奋进的动力，对工作充满高度的激情，可以使我们不畏惧现实中所遇到的重重困难和阻碍。当自己满怀激情地工作，并努力使自己的老板和顾客满意时，我们所获得的利益一定会增加。而工作中最巨大的奖励不只是来自财富的积累和地位的提升，还有激情带来的精神上的满足。

激情是一股伟大的力量，你可以利用它来补充你的精力，并培养出一种坚强的个性。有些人很幸运天生就拥有激情，其他人却必须努力才能获得。发展激情的过程十分简单，就是喜欢自己的工作。如果你因情况特殊，目前无法从事你最喜欢的工作，那么，你也可以选择另一项十分有效的方法，那就是，把将来从事你最喜欢的工作，当做你明确的奋斗目标。

有了这个目标，你会对现在的工作投入激情，因为你只有把眼下的工作做好，才有能力和实力去做你喜欢的工作。

工作是我们生活中很重要的一部分，若是上班没了劲，生活也往往就缺乏活力。其实，世界上并没有原本精彩的工作，只有精彩的工作者。掌握了下面的原则，你的工作肯定会精彩无比。

(1)找到工作意义。工作要精彩，必须先找到激情，而激情是源自于对工作意义的肯定。所以想要精彩，可以想想自己的工作能对别人产生的重大意义，找回激情，就再也不是难事。

(2)学会减压，让工作更精彩。许多人热爱自己的工作，却因为压力过大，不知不觉在工作中心情发生了变化。在这个时候，聪明的人会调整自己的受压心情，让工作节奏有快有慢，才能创造精彩的工作绩效。

(3)把工作当成演出。我们常去欣赏艺人在舞台上的精彩演出，他们的状况之所以精彩，是因为他们明了，站在舞台，有众人目光关注，因而全力以赴。而工作其实也是个舞台，当然应该尽全力演出。用如是的心情，工作当然容易变得精彩。

(4)用创意挥洒精彩。在工作上有能力，能让人称职。但如果缺少了创意，就不容易精彩。创意可以挥洒出精彩。多想想如何成为一个创意十足的工作者，精彩也会随之而来。

(5)把刁难当成挑战。心理学研究发现，因为挑战和新奇是让人觉得精彩的重要元素。所以如果把刁难当成挑战，不但不会让自己愤怒沮丧，反而会让自己的精彩工作增添新鲜活力。

(6)大事小事，都是精彩契机。那些真正乐在工作，而且觉得自己工作精彩的人，不会放弃工作中任何一个可以学习的机会。叫你去送份公文？太好了，这不就有机会去认识别的部门的同事吗？要你去复印一份档案？太棒了，这下自己可以学习这个公文怎么写了。这么一想就发觉，工作上任何事情都是学习的契机。而精彩的感受是来自于学习的成就感。学会了，有成就感，觉得兴奋开心，当然精彩。

3.

不惧过去的失败，重燃工作的激情

一位名人曾经说过："只有激情，巨大的激情，才能震撼灵魂，成就伟大的事业。"由此可见，只要我们对工作永葆激情，再平凡的工作也可以放出光芒来。所以，当我们在工作中屡次遭遇到困难或挫折时，不要畏惧失败，而要重燃工作的激情，为未来而奋斗。

当今科技，日新月异。在这种背景下，谁能够看得更远，谁能够在工作中永葆激情，谁就能更快成为个中强者。激情让我们对任何事情都保持乐观。当我们用乐观的眼光看世界时，世界是无限美好的，充满希望的，我们的生活就充满阳光；当我们用乐观的眼光看工作时，再平凡的工作也是不平凡的。

爱默生曾经说过这样一句话："有史以来，没有任何一件伟大的事业，不是因为热情而成就的。"从这句话中我们得出，成功离不开激情，激情可以帮助我们化逆境、失败、挫折为动力，激情可以将枯燥、乏味的工作变得生动有趣，使我们充满活力……总之，激情是我们取得业绩的最佳武器。

著名人寿保险推销员法兰克·派特，就是一个凭借激情，创造一个又一个奇迹的传奇人物。

早年刚加入职业棒球队不久，他便被球队的经理给开除了，开除的理由是他打球慢吞吞的，没有一点儿精神。临走时经理告诫法兰克说，如果提不起精神，你无论以后走到哪儿，都不会有出路。

之后，法兰克又加入一家球队，可是少得可怜的薪水，让他更加没有工作的激情，但此时的他想要努力一把，看看能不能由此改变现状。于是在他去新球队的第一天，就将成为英格兰最具热情的球员作为奋斗目标,并为实现此目标而努力奋斗。后来的事实证明他做到了,而且干得非常出色。

法兰克后来回忆这段经历时曾说过这样一段话:“热情所带来的结果让我吃惊,我的球技出乎意料得好。同时,由于我的热情,其他的队员也跟着热情起来。”

由于对工作和事业的热情,他的月薪由25美元提高到185美元,多了7倍。在后来的2年里,他一直担任三垒手,薪水加到当初的30倍之多。为什么呢?就是因为他对自己所从事的工作有一股热情。

可惜的是,法兰克在一场比赛中手臂严重受伤,不得不退出棒球界。之后到菲特列人寿保险公司当保险员,但整整一年没有业绩,对此他感到十分苦恼。

后来他又重新找回了当年打棒球时的激情,并把这份激情转嫁到保险工作中,没过多久他便成了人寿保险界的“红人”。后来法兰克对这段工作经历也有所感悟,他说:“我从事推销30年了,见到过很多人,由于对工作有着火热的激情,他们的收入成倍地增加;而另一些人,由于缺乏激情而走投无路。我深信热情的态度是成功推销的最重要的因素。”

激情让我们的生命更加有活力,激情让我们的意志力更加坚强,激情让我们的工作更加有乐趣,所以说激情是取得业绩的最佳武器。

法兰克的成功传奇,让我们懂得:不管你从事什么工作,都必须要有工作的激情,激情可以使你更加有活力、有朝气,从而将工作做得更为出色;反之,没有工作激情的你会变得更加散漫,对待工作敷衍塞责,这样当然做不出什么业绩来,想要成功更是难如登天。

肖林和阿珍同进一家公司,并且做着相同的工作。但三年后,他们的境遇却有了截然不同的转变。肖林从一名业务员做到了公司的经理,阿珍却仍然业绩平平,并且面临失业的困境。

为什么会这样呢?原来问题就出在他们对待工作的态度上。

起初，面对巨大的销售压力，他们都感到很沮丧，也想过辞职找别的工作。可是转念一想，如果这份工作不做，暂时也找不到其他好的出路，于是便咬牙坚持了下来。

一番思想斗争过后，肖林转变了以往的工作态度，认为既然做了就要好好做，否则就失去了这份工作的意义。于是，他总是以饱满的激情投入到工作中去，工作非常努力，有时为了争取一个客户，他来回奔波，而且不管多累，他都会分析客户的情况并做一套完整的计划书，确保为客户提供最热情、周到的服务。他的努力没有白费，慢慢地，他有了长期稳定的客户，业绩稳中有升。不久之后便因业绩突出而被提拔为主管。升职的他并没有沾沾自喜，而是以更饱满的激情投入工作中。三年后，他就当上了销售部门的副经理。

阿珍的工作态度恰恰相反，选择留下的她并没有认真考虑以后的工作应该怎样做才能把业绩提上去，对待工作依然很消极，只是为了工作而工作，毫无任何激情可言。一年后，她被调换了职位，在新的工作岗位上她依然如故，业绩依然上不去。后来公司进行人员调整，准备将不合格的员工辞退，阿珍就是其中的一员。

一个人在工作中的成就，跟他是否具有激情密不可分。阿珍不见得比肖林的能力低，可为什么她最后成了失业者，肖林却当上了销售部门的副经理？差别就在他们对工作的“激情”上。肖林因为有激情，所以将工作转变为一种乐趣在做，业绩自然节节高升；阿珍则没有激情，纯粹是为了工作在工作，抱着“当一天和尚撞一天钟”的心态去工作，业绩如何能做出来？所以成为失业者完全是意料之中的事情。激情指引着职场中的人去行动、去奋斗、去成功。如果你失去了激情，你就难以在职场中立足或成长。激情是激发潜能、战胜所有困难的强大力量，它使你保持清醒，使全身所有的神经都处于兴奋状态，去做你内心渴望的事；它不能容忍任何有碍于实现既定目标的干扰。

凭借对工作的激情，我们可以把枯燥乏味的工作变得生动有趣，使自己充满活力，培养自己对事业的狂热追求，更可以获得老板的提拔和重用，赢得珍贵的成长和发展机会。

激情不仅是生命的活力，而且是工作的灵魂。我们可以从以下几点入手，来培养自己的工作激情。

(1)保持对工作的高度热爱。工作激情来自于对工作的态度。一般而言，如果我们能够对自己选择的工作、事业高度热爱，就会充满激情，就会在大事、难事面前无所畏惧，敢于承担责任。如果没有工作激情，整天情绪低落，在困难面前就会有畏难情绪，缩手缩脚，只能“做一天和尚，撞一天钟”。

(2)必须明确工作的目的。在我们工作时，一定要知道自己是为了什么而工作。如果是为了理想，为了展示自己实实在在的价值，为了无愧于人生，而不仅仅是为了一份薪水而工作，就会感到快乐，工作时总是会有激情的。

(3)要不断地给自己制定新的目标。只有不断地给自己确立新的目标，工作起来才会有方向、有动力，才有助于保持高涨的工作热情。许多人在踏入职场之初，干劲十足、激情高涨，但时间一长，工作的平淡就会磨灭他们的工作激情。这时，就需要重新给自己制定新的目标，这样才能找回失去的工作激情。

(4)树立对公司的归属感。我们要高度认同企业的文化，积极把自己融入到企业之中，让自己感觉企业就是一个温暖的大家庭，这样才能与企业一起成长，才能充分发挥个人的积极性、主动性和创造性。

4. 把激情注入工作，让自己无可替代

在职场上，每一项工作都具有挑战性，它需要我们付出艰苦的劳动，

需要我们振作精神、充满自信，发扬大无畏精神。因此，无论我们从事什么样的工作，要想做好它，就必须把激情注入其中。一旦我们把激情融入到工作中，就能发挥无穷无尽的智慧和力量，让自己无可替代。

激情是做任何事的必要条件。任何人只要具备了这个条件，都能获得成功。当我们刚刚走上工作岗位时，还缺乏经验和阅历，为了弥补这些不足，就会想办法来提高自身的能力，所以能够在工作时处于激情四射的状态。可是，这份激情来自对工作的新鲜感，以及对工作中不可预见的问题的征服感，当新鲜感消失，工作驾轻就熟，激情也往往随之消失，每天的工作只是应付完了即可。但是在现实中没有哪个单位愿意要一个整天提不起精神的员工，更不愿意重用一个情绪低落、整日满腹牢骚、抱怨不断的员工。

工作是我们实现梦想的途径，而梦想又让我们工作起来充满激情，激情便是工作的动力。所以，我们一定要为工作注入梦想，使自己的工作更加有成效，同时让自己在工作上无可替代。

有一项调查显示，有52%的人力资源主管认为“工作没激情”是员工的一大问题。而这恰恰也是这些员工遭遇职场瓶颈，在个人发展上固步自封的重要因素。失去激情，影响的不仅仅是业绩贡献，更重要还有个人的发展与前途。

一个对工作没有激情的人，即使他的能力很强，也很难在工作时做出出色的成就。即便是工作很多年，他也无法让自己成为无可替代的人，而那个位置也不会永远属于他。

周国光在大学学的是金融专业，他的导师又是金融学方面的专家，这让周国光硕士毕业后很顺利地进入了一家证券公司。在应聘这份工作的时候，公司的老板就说了，虽然目前公司的发展规模不大，但是可以给周国光充分施展的空间和机会。而周国光也正是看重这一点才到这家公司来的。

到公司后，老板果然没有食言，没过多久，周国光就因业绩优秀而提前转正。不到两年，周国光就被任命为客户部的副经理，负责拓展客户。由于周国光工作认真，再加上扎实的专业知识，他逐渐为公司打开了局面，周国光拓展的客户占了公司新增客户的一半还要多。

老板非常高兴，对周国光非常赏识，经常带他去见公司一些重要的客户。公司里的同事私下里告诉周国光，只要公司有人事变动，他肯定会升为经理。甚至有人预言，经理算不了什么，公司的副总经理位子都有可能是周国光的。周国光也踌躇满志，老板的器重让他觉得自己对于公司很重要。公司里除了老板，再也无人能和自己相比。

果然没过多久，公司出现了人事空缺，客户部经理离开了公司，这下公司里的同事都说周国光肯定是新一任的客户部经理，而周国光也以为自己会接任这一职位。可是当结果揭晓的时候，周国光愣住了，老板并没有让他任客户部经理，而是高薪从别的公司挖来一个叫付力的经理。

周国光非常失望甚至不满，这算什么？他又不好直接表达，但又不甘心放弃，于是周国光向老板提出要休假，他觉得自己这一休假，公司肯定要乱套，到时候，老板一定会主动请自己回来的。

一个月后，当周国光回到公司的时候，公司一切正常。周国光觉得更加不解，为什么会这样，为什么以前感觉自己很重要，而现在却感觉自己可有可无了呢？

这个谜周国光直到半年后才揭开。在这短短半年的时间里，周国光发现，新来的客户经理付力为公司做出的业绩，相当于周国光他们这两年多做的业绩，更令周国光感到惊讶的是，付力对工作的热情，可以说，他所到之处，大家会被他工作的激情所感染，在他三言两语的带动下，大家的工作劲头会变得空前高涨。

公司哪个同事与客户出现沟通的障碍，只要客户经理出现，很快就会让闹得很僵的双方谈笑风生起来。就连公司里一些"苛刻"的老客户，最后都成了客户经理的"好朋友"。记得有一次，付力休探亲假时，他离开公司的第三天，老板就在客户的要求下，把付力请了回来。

原来，付力走后，不管是客户，还是公司里的同事，都有点乱

了套，感觉到工作像是缺少了点什么一样。于是，老板在客户的要求下，把只歇了三天的付力叫了回来。老板无可奈何地对他说："没办法，你在公司的位置已经无可替代了。剩下的探亲假，等过春节时，我会想办法补给你的。"

没想到付力微笑着说："探亲假还是省了吧，我也发现，我这人只有工作才有激情。"说着他拿出一沓写得密密麻麻的纸，对老板说："这是我这三天写的工作心得和计划，也是下个季度我所带领的团队要实现的目标。"

老板接过这厚厚的一叠纸，惊喜地问："不会吧，不是要等下下个月中旬才交的吗？这还早着呢。"

平时不爱说话的付力，一谈到工作就有说不完的话："这三天我就是在写这些工作计划中快乐度过的。我们上个月的业绩已超额完成。而下个季度的任务，我想着要比这个季度还要高，只有提前做准备了……"

此时的周国光终于醒悟，要想让自己成为公司不可替代的人，就得像付力这样，对工作充满激情。否则，公司少了谁都不会乱套，自己目前需要的是摆正自己的位置，充满激情地来工作。

这就是激情的力量，当你在工作中注入激情时，你也会像付力一样，成为公司不可替代的人。

一般来说，工作激情源于内心对自己的认可，一个人如果没有工作激情，那么他的价值就是零。日本经营之神松下幸之助曾经谈到，从事一个职业、做好一项工作必备的条件就是"激情"。凡事必须付出巨大的努力，才有可能获得成功。在竞争时，仅仅付出同他人一样的努力是不够的，只有投入超出对手数倍的激情，才有可能在竞争中取胜。"无论如何也要把这件事做成功"！松下幸之助就是这样为自己燃起工作激情的。

企业需要有激情的员工。因为激情是一种积极向上、有所作为的状态。一个有激情的人能够以积极的态度来对待工作，除了认真负责地完成自己的工作之外，还有理想和抱负。这就是为什么有的人一辈子碌碌无为，而有的人却不断进步。其次，激情能促使员工不断提高工作能力和增强努力程度。有激情才能促使其不断学习、不断思考、不断创新，不断提高工作能力，充分发挥自身的作用。那么，怎样才能在工作中注入激情呢？

(1)热爱自己的工作。如果我们把工作当做一个挣钱的工具，那么很快就会失去对工作的激情；相反，如果我们把现在的职业当做自己一生的事业去做，那将会激情迸射，最终成就非凡。

(2)工作中无论大事小事，都是大事。如果我们每天只希望处理大事，对小事不屑一顾、马马虎虎，那么时间长了，公司就不会把大事委托给你做，因为大事都是由很多小事所组成的，一个很小的细节可能会导致整件大事的失败。

(3)为自己制订新目标。如果一个人没有奋斗目标，在生活中就很容易失去方向，但是如果定的目标太高而不适合自己现阶段的发展，便无法长期坚持。所以，我们要经常根据自己的实际情况制订适合自己工作的目标，实现以后，再订立下一个更高的目标，这样不但可以让自己保持对工作的激情，还可以达到事业的巅峰。

5. 拥抱激情，塑造积极的心态

激情是吹动船帆的风，没有风帆船就不能行驶；激情是成功的动力，没有动力工作和事业就难有起色；激情是创新的源泉，没有激情就没有创新的灵感和冲动。没有激情，人不过是一块未经撞击的燧石，只有潜在和可能的能量。

成功的事业需要一个人全身心地投入，而全身心地投入则需要依靠发自内心的激情。对成功而言，热忱或激情是必不可少的。我们要想在

工作中成就自己的事业，就得拥抱激情，塑造积极的心态。

一位外国军官在自己的办公室里挂了这样一幅座右铭："你有信仰就年轻，疑惑就年老；有自信就年轻，畏惧就年老；有希望就年轻，绝望就年老；岁月刻蚀的不过是你的皮肤，但如果失去了热忱，你的灵魂就不再年轻。"歌剧《星星之火》中有一个著名的唱段，曲名是《革命人永远是年轻》。歌词写道："革命人永远是年轻，他好比大松树冬夏常青，它不怕风吹雨打，它不怕天寒地冻，它不摇也不动，永远挺立在山岭！"这正是对热忱和激情的最好赞美。

一位心情郁闷的老总在酒店用餐时，看到快乐的服务生，忍不住问道："明天天气预报如何？"

服务生肯定地说："会是我喜欢的天气。"

老总不解地问："你怎么知道正好是你喜欢的天气？"

服务生："我发现环境不是经常能如我意，所以，我便学习欢喜地去面对我所遇到的一切。因此，明天的天气不管是刮风下雨，还是晴空万里都是我喜欢的。"

愉快的生活是由愉快的思想造成的。老总一下子被震住了，心里的疙瘩好像一下就被解开了，这就叫醍醐灌顶。3个月后，老总宣布，聘任这个服务员为酒店的副总。

老总提拔服务生最大的原因，不仅仅是这个服务生乐观的生活态度，更重要的是他积极的心态。一个拥有积极心态的人，不会被任何负面的情绪所左右，不管在什么情况下，都会对生活和工作充满激情。而这种激情，是可以感染周围的人的。

在工作中培养激情，在激情中愉快工作，提高的不仅仅是工作质量，还有人生的境界，做人的价值。激情的工作成就着我们的事业，而激情的人生将使我们得以永恒。

有人做过统计，人类每天说得最多的一个字，就是"我"，这表明在这个世界上，最重要的只有一个人，就是你自己，在你的身上，时时都携带着一个看不见的法宝，这个法宝的一边装饰着四个字——积极心态，另一边也装饰着四个字——消极心态。

这两种心态会产生两种惊人的力量，一种能让你获得成功的事业、健康的身体、幸福的家庭、良好的友谊、高质量的休闲，另一种也可以剥夺一切使你的生活富有意义的东西。在这两种力量中，前者，也就是积极心态，可以让你尽享生活中的快乐与美好，让你在工作中获得你想要的东西；后者，也就是消极心态，则可以使你在整个职业生涯，甚至一生中都处于一种底层的状态，困苦与烦恼一直缠身。所以，我们一定要拥有积极的心态。那么，如何才能去做自己心态的主人，也就是说如何才能塑造积极的心态呢？

(1)改变态度。你的态度决定你的心情，你的态度影响你的健康，你的态度改变你的际遇。凡事多往好处想，这是心理健康之道，也是幸福快乐的不二法门。事情不重要，重要的是人对这件事情的态度。态度变了，事情就变了。所以，改变了态度就有了激情，有了激情就有了奋发向上的斗志，结果就会变化。这个世界最伟大的发明是什么？有人说是瓦特发明的蒸汽机，使人类社会从手工时代进入机械时代；有人说是冯·诺依曼发明的电脑；有人说是佛莱明发明的青霉素；有人说是莱特兄弟发明了飞机……这些都不是，因为这些发明都是停留在技术层面上的。这个世界最伟大的发明，就是改变自己的态度，因为这样才可以改变自己的命运。

(2)活在当下。活在当下的真正涵义来自禅。有人总是为未来担心，忧心忡忡，请不要庸人自扰，如果你担心的事情不能被你左右，就随它去吧，我们只能考虑力所能及的事情，力所能及则尽力，力不能及则由它去。活在当下，就要对自己的现状满意，要相信每一个时刻发生在你身上的事情都是最好的，要相信自己的生命正以最好的方式展开。因为我们所做的每一个决定都是你所能选择的决定中最好的一个。

(3)如果遇到倒霉的事情，就想还有人比你更倒霉。社会就好比是一棵爬满猴子的树，我们处在中间，当我们向上看的时候，我们看到的是猴子屁股，当我们向下看的时候，我们看到的是猴子的笑脸。什么意思？就是当我们遇到倒霉的事，当我们烦恼的时候，我们要向下比，和那些比我们更倒霉的人比，那么我们得到的都是笑脸，我们的心情就会好，有了好心情我们就会爬得更高。爬得更高，我们向下看就会看到更多的笑脸。如果我们向上比，那我们得到的都是猴子屁股，都是糟糕的情绪，糟糕的情绪反过来影响我们往上爬，阻碍我们去获得美好的生活。

（4）压力太大的时候要学会弯曲。国外医学研究人员发现，人体会自行制造一种叫做脑啡的天然体内镇静剂，分泌在脑部和脊髓等特定的部位，能减轻痛感，过滤令人不快的刺激，使人内心祥和安乐。临床研究还发现，忧郁症患者都严重缺乏脑啡，导致心情沮丧；由于心情沮丧，脑啡的分泌量更加减少，于是消极的想法就变得越来越严重，进入恶性循环。另外，国外的科学家还做过一个实验——在演员身上贴附电极，插上动脉导管，然后要他们表演各种戏剧情节。当他们演出愤怒、沮丧和绝望的角色时，脑啡的含量随之降低，但当剧情要求他们表演喜乐、有信心和幸福的桥段时，脑啡的含量骤升。积极的心态能激发脑啡的产生，脑啡又转而激发乐观和幸福的感觉，这些感觉反过来又增加了积极的心态，这样，就形成了良性循环。

6. 不断进取，让激情之火永不熄灭

人生是一条奔腾不息的河流，不会永远停留在一个地方，也不会停留在某一个阶段，它需要我们不断地进取来超越自己。超越，是升华，是突变，是人生不可缺少的阶段，也是激情最为炽热的一刹那。

在职场上，我们工作激情的消失，在很大程度上都来源于对现状的满足，这种满足才是阻挡激情迸发的障碍物。因此，我们要想让自己的激情之火永不熄灭，就得不断进取。

正是这种不断进取的精神，让我们不断地超越自己，让自己变得优秀起来，从而对工作充满了永恒的激情。也是这种永恒的激情，才使人类从远古走到今天，从一无所知走到无所不知；也正是这种超越，使我们超越平凡，摆脱平庸，成就人生最壮丽和辉煌的篇章。所以，不管你在什么行业，有什么样的技能，也不管你目前的薪水有多丰厚、职位有多高以及收入有多少、有多么满足和幸福，你都应该告诉自己："要做进取者，我的幸福应在更高处。"这样的信念可以让你永远向着更高的目标前进，向前迈进的步伐更坚定更有力，也使你的生活和工作都更有激情更有动力。

那么，就让激情之火在心中熊熊燃烧吧。它会让我们时刻充满了热情与力量，让工作快乐无比，让生命充满朝气，让生活绽放光彩，从此摆脱无聊和枯燥，远离乏味和单调，让我们收获一个瑰丽壮美的人生。

很多刚刚毕业的人，在刚走上工作岗位时，总是意气风发，对刚接手的工作充满了激情，为了做好自己的工作，总会努力学习新的专业知识，提高自己的业务水平。然而，随着工作越来越深入，在对行业有了一定的了解、业务也能娴熟处理时，他们却失去了往日的工作激情，虽然每天也还是好好地工作——只因为在这个岗位上，工作就是自己的责任。既然工作已经能够轻松应付，剩余的时间也就懒得去钻研那些专业书籍，只看一些被行业称为"闲书"的小说，有空也只去聊天、看报纸、上网。

除此以外，每天的工作内容简单而重复，没有丝毫的挑战性和创造性。一天的工作，如果压缩起来集中干，绝对不超过两个小时。日子就这样平淡地过，很多人几乎意识不到时间的流逝。毕业几年的时间倏忽而过，回想起上学时要轰轰烈烈干一番事业的誓言，很多人愈加感到如今工作的无聊，简直就是在浪费生命。可是让他们换种活法去寻觅激情，许多人又怕自己经不起折腾，也没有这份勇气！突然公司开员工大会，发现自己站在最后一排时，心中更是惆怅而倍感无聊。无聊久了，人也就麻木了。

有人曾做过这样一个注释：工作并无聊着，代表你的工作虽然无聊却很轻松；无聊并工作着，表示你不仅没有工作的激情，而且这活儿还很累。工作了几年的很多人都属于前者，每天的工作都在无聊中开始，在无聊中进行，最后又在无聊中结束。

当工作总是按部就班地进行时，自己就像一颗小小的螺丝钉，只是起着固定机器的作用。很多人每天花在工作上的时间不长，很轻松就能完成手上的任务，重复的事情和周而复始的思维方式，都让许多人的激情消退。温水里的青蛙感觉不到危机与害怕，不去想自己以前的追求、抱负会不会都在温吞的生活节奏中搁浅？而很多人像螺丝钉一样工作，却付出了更大的代价。

参加工作几年后，等学校学到的专业知识都在工作中慢慢消耗掉了，平淡无聊的日子里也没有心思充电，每天上午等吃饭下午等下班，导致当初的激情、抱负统统放置脑后了。自己越来越像个机器人，每天上了班就希望能早点下班，虽然很多人也尝试着找回曾经的工作激情，可还是无济于事。

工作初期激情四射的状态，几乎每个人在初入职场时都经历过。这份激情来自对工作的新鲜感，以及对工作中不可预见问题的一种征服感，一旦新鲜感消失，工作驾轻就熟了，激情也往往随之湮灭。

职场是理性的，也是残酷的，不是每个人都能一帆风顺，顺利走上晋升和加薪的通道。如果工作了几年后依旧是平平淡淡，日子越来越盲目，越来越看不到希望，最终只因无聊而恋爱结婚了，有了小孩儿后，激情慢慢退去，棱角也逐渐被磨去，昔日充满创意的想法消失了，每天的工作只是应付了事。既厌倦又无奈，不知道自己的方向在哪里，也不清楚究竟怎样才能找回曾经让自己心跳的激情。而他们在老板眼中，也由前途无量的员工变成了比较称职的员工。这样的员工，别说为公司创造业绩，连高质量地完成自己的工作都难。只有那些对自己的愿望有真正热情的人，才有可能把自己的愿望变成美好的现实。

张伟和林峰在同一家公司工作。他们虽然做的工作一样，但对待工作的激情却有着天壤之别。张伟永远都是那么悲观失望，他对工作中的每件事都是牢骚满腹，完全体会不到工作的乐趣，认为工作是一件痛苦的事。

林峰却非常积极进取，乐观自信，对工作充满了激情。每天，同事们都可以看到他忙碌的身影，听到他欢乐的笑声。他热情地和同事们打着招呼，精神抖擞，积极乐观，永争第一。

每当林峰在工作中遇到难题时，他总是积极地寻找解决问题的办法，即使是遇到挫折也是如此。因此，他总是能将希望之火重新点燃。同事们都很喜欢和他接触，因为通过他，大家能或多或少地感受到工作的乐趣。

一年后，公司为了拓展，需要提高业绩，第一轮裁员刚刚开始，张伟就接到了解聘通知书。而此时的林峰凭着他充满激情的工作态度，已经从一个小小的销售员提升为销售经理，而且业绩突出。

把激情融入到工作当中，我们的工作就会发生巨大的改变，就会像林峰一样，不断为公司创造业绩，同时提升自己的职位。

纵观古今中外那些伟大人物，他们对使命的激情可以谱写历史；而我们普通员工对工作的激情，则可以改变自己的人生。一个没有激情的员工，不可能始终如一高质量地完成自己的工作，更不可能做出创造性的业绩。

一个对自己工作充满激情的人，无论在什么公司工作，他都会认为自己所从事的工作是世界上最神圣、最崇高的一项职业；无论工作的困难是多么大，或是质量要求多么高，他都会始终一丝不苟、不急不躁地去完成它。

比尔·盖茨有句名言："每天早晨醒来，一想到所从事的工作和所开发的技术将会给人类生活带来的巨大影响和变化，我就会无比兴奋和激动。"

身在职场，有很多事情需要我们去完成去创造，现在的社会是以身价论高贵，以业绩论英雄。所以，不管我们工作几年，一定要不断追问和审视自己的职业生涯规划，坚持为职业目标而努力。有目标的人才有动力，并要不断检查自己的职业生涯发展状态如何。自己需要考虑清楚有关自己理想职业的每一件事：从工作内容、工作形式到工作环境，然后确定自己所追求职业的标准或目的，并制订可行性计划。

有了明确的目标后，自己也可以观察一下是否能调到另一个部门，或者先谋个较低的职务，然后找机会进修，最低也要找出妨碍你日后发展的不利因素。要记住，循序渐进是改变不称心工作的最好方法，而只有发自内心的追求才能真正激发起工作的激情。

一个人如果仅仅是勉强完成职责，那么他做起事来就会马马虎虎，稍遇困难就会打退堂鼓。很难想象这样的人，能始终如一地高质量地完成自己的工作，更别说能做出创造性的业绩了。只有在热爱工作的情况下，才能以精进不息的精神，火焰般的热忱，充分发挥自己的特长，这样才能让自己在工作中做出骄人的成就！

第四章
握紧命运的罗盘，重新为未来定位

未来和梦想的实现，要求我们在起点就规划好自己的行程，有目的、有方向地向前飞奔，这样才能到达梦想的彼岸。因此，我们要对自己的人生做出一定的规划，并将它作为命运的罗盘。我们只有握紧命运的罗盘，才能为未来不懈地努力，为梦想不停地奋斗！

1.

握紧命运的罗盘，重新为未来定位

生活的理想就是为了理想的生活，我们每个人都应该为此担负起自己的责任——对生活、对未来要有一种责任感，不管遇到怎样的困难与挫折，我们都要握紧命运的罗盘，重新为未来定位，以勇往直前的精神、坦诚踏实的态度向着光明的未来前进。

在我们身边，也曾经出现过很多在某个方面有出色表现的人，但他们大多是昙花一现，那些成功的光环，只是他们生命中的匆匆过客，现在的他们，不停地追忆着美好的过去，感叹着渺茫的未来……他们总是把过去的那些成就，当做是运气和机遇。殊不知这些运气和机遇都是自己创造的。

纵观古今中外的每一位成功人士，他们之所以一生都在为人类作着贡献，并不是他们一直被机遇和幸运所垂青，而是他们握紧了命运的罗盘，不管遇到多大的困难，不管在顺境还是逆境中，他们总是适时地重新为未来定位，让自己一步步地朝着未来前行，从而成为掌控自己命运的人。一个人要想成功，就得握紧自己命运的罗盘，这样才能向着未来的目标稳步前进。

我们都是很平凡的人，在平凡的人生当中，有过很多的失意、泪水、无奈、失去，但是我们生存在这个世界上，一定要有自己的位置，让自己做更多的事情。所以，我们要做自己命运的主人，就得握紧命运的罗盘，为美好的未来不停地努力，为梦想而奋斗，才能对自己有所交待，才能不负此生。

未来和梦想的实现，要求我们在起点就规划好自己的行程，有目的有方法地向前飞奔，这样才能超越那些迷茫混沌的人，到达梦想彼岸。因此，我们要对自己的人生作出一定的规划，并用它作为罗盘，向着梦想起航。这是在起点迈步前的观望。这是我们对人生蓝图的描画，这更是指引我们人生方向的罗盘。有了它，我们才能大胆迈步奔向前方；有了它，我们才会尽情挥毫，为人生画板着色；有了它，我们才会紧握人生罗盘，向着梦想起航！

在职场的道路上，很多人都会碰到许多难以应对的现实问题，比如说刚毕业时迫于生计压力，贸然进入一个自己并不适合的领域，一干就是两三年，当各方面都相对稳定之后，开始回过头来考虑自己的职业发展问题时，发现自己已经找不到未来的发展方向。眼看着时间一点点流逝，自己的年龄也一天天增长，而薪水、职位却还是纹丝不动，他们内心渴望改变却又不知道该如何改变现实。其实，只要你振作起来，紧握命运的罗盘，为未来重新定位，就能改变现状。

只有当你为未来重新定位，并且定位准确时，你才会掌控自己命运的罗盘，在以后的职场上持久地发展自己。很多人事业上发展不顺利不是因为能力不够，而是因为选择了并不适合自己的工作，很多人并没有认真地思考一下“我是谁”、“我适合做什么”，也因为不清楚自己要什么，而无法体会如愿以偿的感觉。很多人把时间用于追逐不是真正适合自己的工作上，随着竞争的加剧会感觉后劲不足。准确地定位，可以获得更加长足的发展。

为未来重新定位，你会发现自己喜欢的职业，这样会让合适的用人单位聘用你，或者让你的上司正确培养你，或者让你的所有关系帮助你。

向前进2003年毕业于某大学计算机信息管理专业，那时的本科毕业生，已经不再像以前那么炙手可热了。当时，向前进迫于家庭经济方面的压力，只想着找一份赚钱的工作，他听说销售比较赚钱，就在一家IT公司找了份销售工作，一年后转做IT方案销售。

随着时间的推移，他已经在这个岗位上做了三年多，可是在这三年多的工作时间里，他却时时刻刻在考虑换工作。因为自从做这个工作以来，他就发现自己不喜欢这份工作。特别是每个月的销售任务，常常让他感到压力重重，同时由于自己性格的原因，多年的销售经验并没有让他觉得与人打交道是件多么轻松的事。

令人遗憾的是，这四年当中，虽然他也尝试着要找其他工作，可是简历投出去后，通常都是石沉大海，音讯全无。此刻的他，对未来很失望，不知道自己究竟该怎么办，在这种心态下工作的他，每次遇到一点点困难，就想辞职。

有一天，他碰到大学同学关灵，在得知关灵现在已经是外企高管时，向前进大惊，羡慕地说："你真幸运啊。向我讲讲你的秘诀吧，也好让我借鉴一下。我现在对未来都快绝望了。"

关灵却说："秘诀可谈不上，我只不过是握着自己命运的罗盘，并且为未来定位了，这样才让我的未来有了方向。"

原来，关灵在参加工作之初，就为未来确定了方向，他在找工作时并不是盲目的；工作后，他又为未来的工作确定了目标，这样，工作起来也有奔头。

这次和关灵谈话后，向前进恍然明白了自己职业"失败"的原因。后来他对自己的工作做了认真的分析，总结了以下几点：

一是他目前处于方案销售主管的职位，主要做的是一些销售方面的工作，可是这与他的气质类型并不是很吻合，这是他在这份工作上做得不够出色的直接原因。如果一直做下去的话只能是过多地浪费自己的职业时间，可是他也不清楚自己究竟应该做什么，擅长做什么。如果贸然地转换也不一定能找到适合的，所以找准自己的职业方向将起到决定作用。

二是他目前的职业状况，他已经在不适合自己的岗位上从事了三年多时间，而销售领域的平台并不能给他带来更大的晋升空间，这样下去自己只能是原地奔跑了，所以他需要通过跳槽来寻求职业发展的新途径。

三是跳槽最最忌讳的是盲目乱跳，跳槽求职讲究的是有趋向性的提升，所以通过内外因分析来重新定位与整合自我竞争力也成了当务之急。

就这样，向前进通过对自己的职业气质、职业素质、职业能力、职业价值观、职业满意度等方面进行综合测试分析后，为自己确定了下一步的职业发展目标，就是从进入企业内部做IT部门信息系统规划管理入手，同时结合以前的工作内容，一点点地帮自己挖掘与他的定位点相结合的职业经历。于是，他为自己量身定做了一份简历。很快，向前进就获得了一份满意的工作，工作得非常顺利，现在他已经开始一步步地走上了自己的职业发展道路。

人生在世，我们一定要明白，只有握紧命运的罗盘，你才能在生活中获得主动；人在职场，只有为未来定好位，你才能向着梦想的方向前进。因此，当职业与个性发展不吻合时，我们也应该像向前进一样，首先要学会通过多角度审视给自己做个准确的定位，找准自己的职业锚。“好的开端是成功的一半”，只有找对了自己的职业发展道路，在具体操作过程中才能产生事半功倍的效果。

在职场上，我们如果不为未来定位，就像一只没有掌舵的船那样，沉沉浮浮，没有方向地四处游逛。在这种情况下，我们是很难遇到自己的伯乐的。

工作后，我们会逐渐发现，职业中的诱惑越来越多，竞争越来越多，如果你不能给自己的未来定位，那么你可能出现的现象是有了机遇看不到，找到的又不是自己适合的；或者找错了大方向，改变起来很难；或者得到的又轻易失去，走了好多弯路；或者精力分散，失去自己的优势地位。

定位是自我定位和社会定位两者的统一，一个人只有在了解自己和了解职业的基础上才能够给自己做准确定位。

(1)要了解自己。主要包括核心价值观念、动力系统、个性特点、天赋能力、缺陷等。方法：可以自我探索，可以请他人做评价，可以借助心理测验充分地了解自己。

(2)要了解职业。包括职业的工作内容、知识要求、技能要求、经验要求、性格要求、工作环境、工作角色等。方法：询问业内十名以上的专家，参照业内成功人士的经验。

(3)要了解自己和职业要求的差距。这需要你仔细地比较各个方面要求的差距。你可能会有多种职业目标,但是每个目标带给你的好处和弊端不同,你需要根据自己的特点仔细地权衡选择不同目标的利弊得失,还要根据自己的现实条件确定达到目标的方案。

(4)要确定如何把自己的定位展示给上司。确定了自己的职业取向和发展方向之后,你需要采用适合的方式传达给上司,以求获得工作发展的机会。

(5)要跟你的上司和同事搞好关系。在工作中,上司和同事是我们潜在的"贵人",我们唯有和他们处好关系,才能得到他们的帮助和支持,让自己的职业发展更顺利。

2. 一切都会过去,掌控现在才能拥有未来

赫拉克里特说,人不能两次踏进同一条河流,因为它已经不是同一条河,而他也不是同一个人。难怪有人说,你的过去就是你的现在,你的现在就是你的未来。所以,不管过去多么失败,我们都要坚信,一切都会过去,只有掌控现在的人,才能重写过去并且拥有未来。

一个人,只有掌握了现在,才能掌控过去和未来。你可以重新解释并重写你的过去,这能够给你一种对未来的掌控感。

我们每个人都只有一次生命,因此最大限度地利用好生命的这段旅程至关重要。看得更远,会迫使我们现在做得更多。没有一个洞悉过去的人,会对现在抱着悲观的态度。经历过痛苦的事情,但能以一种积极的方式回忆这种经历的人,才有可能掌控现在和未来。

1920年,美国田纳西州一个小镇上,有个小姑娘出生了。

她的妈妈只给她取了个小名，叫玛丽。玛丽渐渐懂事后，才知道自己是个私生子。

镇上的人明显地歧视她，小伙伴都不跟她玩。她不知道为什么。她虽然是无辜的，但世俗却是残酷的。我们每一个人，一生可以做出多种选择，但有些事却不能选择。玛丽甚至不知道自己的爸爸是谁。她跟妈妈一起生活。

上学后，歧视并未减少，老师和同学仍以那种冰冷、鄙夷的眼光看她：这是一个没有爸爸的孩子，没有教养的孩子，一个孽种。于是，她变得越来越懦弱，开始封闭自我、逃避现实，不与人接触。

玛丽最害怕的事，就是跟妈妈一起到镇上的集市。她总能感到人们在背后指指戳戳、窃窃私语："就是她，那个没有爸爸，没有教养的孩子！"

玛丽13岁那年，镇上来了个牧师，从此她的一生便改变了。玛丽听大人说，这个牧师非常好，她非常羡慕别的孩子一到礼拜天，便跟着自己的双亲，手牵手地走进教堂。她曾经多少次躲在远处，看着镇上的人们兴高采烈地从教堂里出来。而她只能通过教堂里庄严神圣的钟声和人们面部的神情，想象教堂里是什么样，以及人们在里面干什么。

有一天，她终于鼓起勇气，待人们进入教堂后，偷偷溜了进去，躲在后排倾听——牧师正在讲："过去不等于未来。过去你成功了，并不代表未来还会成功；过去失败了，也不代表未来就会失败，因为过去的成功只是代表过去，而未来是靠现在决定的。现在干什么，选择什么，就决定了未来是什么！失败的人不要气馁，成功的人也不要骄傲，成功和失败都不是最终结果，它只是人生中的一个事件。因此，这个世界上不会有永远成功的人，也没有永远失败的人。"

玛丽被深深地震动了，她感到一股暖流冲击着她冷漠、孤寂的心灵。但她马上提醒自己：得马上离开，趁同学们、大人们未发现她时，赶快走。

第一次听过后，就有了第二次、第三次、第四次、第五次冒险——但每次都是偷听几句话就快速消失掉。因为她懦弱、胆怯、自卑，她认为自己没有资格进教堂，她和常人不一样。

终于有一次，玛丽听得入迷，忘记离开，直到教堂的钟声敲响才猛然惊醒，但已经来不及了。率先离开的人们堵住了她迅速出逃的去路。她只得低着头尾随人群，慢慢移动。突然，一只手搭在她的肩上，她惊惶地顺着这只手臂望上去，正是牧师。

"你是谁家的孩子?"牧师温和地问道。

这句话是她十多年来，最最害怕听到的。它仿佛是一支通红的烙铁，直烫到玛丽的心上。

人们停止了走动，几百双惊愕的眼睛一齐注视着玛丽。教堂里静得连一根针掉在地上都听得见。

玛丽完全惊呆了，她不知所措，眼里含着泪水。

这个时候，牧师脸上浮起慈祥的笑容说："噢——知道了，我知道你是谁家的孩子——你是上帝的孩子。"然后，他抚摸着玛丽的头发说："这里所有人和你一样，都是上帝的孩子！过去不等于未来——不论你过去怎么不幸，这都不重要。重要的是你对未来必须充满希望。现在就做出决定，做你想做的人。孩子，最重要的不是你从哪里来，而是你要到哪里去。只要你对未来保持希望，你现在就会充满力量。不论你过去怎样，那都已经过去了。只要你调整，正确、乐观、积极地去行动，那么成功就是你的。"

牧师话音刚落，教堂里顿时爆发出热烈的掌声——没有人说一句话，掌声就是理解，心灵的陈年冰封，被"博爱"瞬间融化……玛丽终于抑制不住，眼泪夺眶而出。

从此，玛丽不再为过去被人嘲笑而痛苦，她变得自信、阳光起来。在她40岁那年，荣任为田纳西州州长，之后，弃政从商，成立了世界最大企业之一的公司，成为全球赫赫有名的成功人物。67岁时，她出版了自己的回忆录《攀越巅峰》。在书的扉页上，她写下了这句话：过去不等于未来！

威廉·莎士比亚说，人生是一个舞台，所有的男男女女不过是演员，

他们都有离场的时候，也都有登场的时候。一个人的一生中扮演着好几个角色。因此，我们要明白，人生如戏，再绚丽再痛苦的时刻都会过去，只有掌控现在才能拥有未来。

许多人的记忆真实地记录了过去所发生的一切，而且这些记忆是永久的。不幸的是，记忆并不像储存在硬盘中的录像一样，是对过去的客观记录；相反，记忆是可以重构的，而这种重构受当前的态度、信仰和可以得到的信息的影响。这种可以重构的特性意味着我们今天的思想和感受将影响我们如何看待昨天。甚至某些微妙的影响，比如就过去“发生了什么”的提问方式，都会严重地改变我们对“确实发生了什么”的记忆。

幸福不是一个可以维持的静止的状态，而是一个必须不断追求的难以捉摸的目标。以积极的态度重建过去，就可以放飞自己去追求现在与未来的幸福。

一个现实的希望带来的是永恒。当你专注于成功的过程而不是努力的结果时，你将事半功倍。过分地关注过去会使人很少思考未来。那些过分缅怀过去的人，既不能很好地过好现在，更不会有一个美好的未来。

不要沉浸于过去的纠葛中，对过去持消极态度的人，沉溺于过去并不断谈论过去会消耗自己的心理能量。我们应当做的是：重新规划美好的未来。经历创伤的人，一方面会感到抑郁，另一方面会陷入过去而不能自拔，并因此留下阴影。当你选择自己行为的时候，你也就选择了结果。并不是所有与未来有关的认知都能促进健康，适度地规划未来是有意的，如果过度，可能会导致失去现实生活的乐趣，并引发对未来的忧虑。

“过去不等于未来”的观念，要求我们用发展的眼光看待自己，看待成功。成功与目前境况无关。过去的都过去了，关键是未来。过去决定了现在，而不能决定未来，只有现在的作为及选择才能决定我们的未来。

我们的记忆很容易出错。我们可能忘记那些真实发生过的事，也可能记得一些没有发生过的事。你对已经发生的事件的态度，比事件本身对你的影响更大。对过去拥有一个积极的态度，会促使自己为了美好的未来，而牢牢把握住现在。

我们每个人都得重新建立、解释过去。能享受过去生活的人相当于活了两次。我们只有学着忘记过去，才能在当下奋斗，收获美好而光明的未来！

3.

为未来制订目标，有目标才有方向

一位哲人说过这样一句话："伟大的目标构成伟大的心灵，伟大的目标产生伟大的动力，伟大的目标造就伟大的人物。没有远大的目标会使人失去动力！没有具体的目标会使人失去信心！"我们要想实现美好的未来，就得为未来制定目标，因为有目标才有奋斗的方向。

在我们寻梦的路上，没有目标，就没有优势；没有优势，成功的程度就很低，成功的可能性也就很小，因此，我们需要根据自己的优势，为未来设定自己的人生目标。

拿破仑·希尔告诉我们，有了目标才会成功。目标对于想成功的人是非常重要的，没有目标就好像失去线的风筝，无论风筝飞得多高多远，如果没有方向的话，就会在空中飘来飘去的，飘到哪儿是哪儿，这样是永远实现不了目标的。

只有当我们自信而坚定地确立正确的目标后，才算是有了前进的方向。有了方向，我们要朝着这个方向努力奋进，让自己一步步接近成功。

有个军阀每次处死犯人前，都会让犯人做两个选择：一枪毙命或是选择从墙上的一个黑洞钻进去，由于那个黑洞深不可测。所以，所有的犯人都宁可选择一枪毙命也不愿进入那个不知里面有什么东西的黑洞。

一天，酒酣耳热之后，军阀显得很高兴。他手下的人看到他兴致很好，就很大胆地问他："大帅，您可不可以告诉我们，从这黑洞走进去后，究竟会有什么可怕的结果吗？"

"没什么啊。其实走进黑洞的人只要经过一两天的摸索便可以顺利地逃生了，可是，由于人们进去后会没有目标地乱撞，

加上不敢面对不可知的未来，才特别害怕黑洞。”军阀回答，“如果能在走进黑洞时，为自己树立一个求生目标，这个目标就是自己的方向，然后奔着这个目标努力，自然会逃生的。”

由此看来，生活中看不到目标比死亡还可怕。很多人把别人的成功看作是运气，把自己的失败归结为没有机遇或是命不好，从而放弃了努力，把自己的命运交给了上天。他们不知道一个伟大的奥秘，那就是：你的上帝就是你神圣的目标，就是你努力的方向，只有他才能引领你去成功的殿堂与幸运之神约会。

我国明代哲学家王阳明曾坚定地说：“志不立，事不成，虽有百工艺，未有心中志，志无则如船无舵，脱缰之马，四处奔逸，无所底止。”

目标就好比大海中的一块浮木，如果没有目标、没有方向地随波逐流，你就像一个生命垂危的人一样不堪一击，即使一个小小的波浪，足可以让你转变流向，但只要你拥有地图和罗盘，浮木就能按照你既定的目标前进。

无论是在生活中，还是在职场上，一个人若没有目标，就好比在黑暗中远征。这时你自己就是那无舵之舟，脱缰之马，在芸芸众生中四处奔跑、随波逐流，如此下去，到头来自然是一无所获。因此，我们一定要为自己制订人生目标。

在为未来制订目标时，我们要在正确、科学判断的基础上，通过积极努力来实现一种企盼、一种愿望、一种梦想、一种追求、一种规划和蓝图、一种境地和标准、一种成果和目的、一种憧憬和理想。

目标如一架穿梭机，能带我们穿越历史长河；目标似一把金钥匙，能帮我们打开迷惘的心锁；目标像一颗启明星，能牵我们走向洒满阳光的天堂；目标像夜航中的灯塔，能引我们到达成功的港湾。

你可以一辈子不登山，但你心中一定要有一座山，它使你有奋斗的方向，让你有人生的目标。它使你总往高处爬，使你在任何时候都不会迷失方向。因为无论在任何时间，只要你抬起头，都能看到自己的希望。

有些人也有自己的奋斗目标，但是他的目标是模糊的、泛泛的、不具体的，因而也是难以把握的，这样的目标和没有差不多。因此，我们在为未来制订目标时，要注意以下几点：

(1)目标应该是明确的。目标不明确,行动起来也就有很大的盲目性,就有可能浪费时间和耽误前程。生活中有不少人,有些甚至是相当出色的人,就是由于确立的目标不明确、不具体而一事无成。

(2)目标应该是实际的。一个人确立奋斗目标,一定要根据自己的实际情况来确定,要能够发挥自己的长处。如果目标不切实际,与自己的自身条件相去甚远,那就不可能达到。为一个不可能达到的目标而花费精力,同浪费生命没有什么两样。

(3)目标应该是专一的。一个人确定的目标要专一,而不能经常变换不定。确立目标之前需要作深入细致的思考,要权衡各种利弊,考虑各种内外因素,从众多可供选择的目标中确立一个。一个人在某一个时期或一生中一般只能确立一个主要目标,目标过多会使人无所适从,应接不暇,忙于应付。

(4)目标应该是特定的。确定目标不能太宽泛,而应该确定在一个具体的点上。如同用放大镜聚集阳光使一张纸燃烧,要把焦点对准纸片才能点燃。如果不停地移动放大镜,或者对不准焦距,都不能使纸片燃烧。目标应该用具体的细节反应出来,否则就显得过于笼统而无法付诸实施。

(5)目标应该是长期的。一个人要取得巨大的成功,就要确立长期的目标,要有长期作战的思想和心理准备。有了长期的目标,就不怕暂时的挫折,也不会因为前进中有困难就畏缩不前。许多事情,不是一朝一夕就能做到的,需要持之以恒的精神,必须付出时间和代价,甚至一生的努力。

(6)目标应该是远大的。目标有大小之分,这里讲的主要是有重大价值的目标。只有远大的目标,才会有崇高的意义,才能激起一个人心中的渴望。一个人确定的目标越远大,他取得的成就越大。远大的目标总是与远大的理想紧密结合在一起的,那些改变了历史面貌的伟人们,无一不是确立了远大的目标。

4.

向着目标，勇敢前行

很多人都认为，在工作中，只要努力就万事大吉了。实际上，在工作上确定工作目标固然十分重要，但你的工作目标是否明确，直接决定着你能否在工作上有所作为。所以，我们只有确定了目标后，才能让自己向着目标，勇敢前行。有了目标，哪怕遇到再大的困难，也不会轻言放弃的。

一个目标明确、信念坚定、信仰执着的人，在工作上会表现得主动积极、主观能动性很强。因此，只有目标明确，才不会让上司费心，自己才能自动自发地去努力；不用别人引导，就会自觉朝着既定目标勇敢迈进。这种人的进步速度往往是惊人的，他的成功也一定是很快的。

目标是我们干好任何事情的方向标。不管你身处何处、何种环境，都不能没有目标。很多刚进入职场的人，几年过去了也没有什么长进，就是因为他没有清晰的工作目标，即使付出了足够的努力，也很难取得进步。

爱因斯坦说，在一个崇高的目标支持下，不停地工作，即使慢，也一定会获得成功。我们无论干什么事情，如果盲目地去做，往往会摸不清方向，工作更是如此，要想把工作做好，除了努力外，还要学会给工作制订一个目标。

当工作有了一个确定的目标时，你就会脚踏实地、始终不渝地去努力，这样才有成功的机会。如果稍遇挫折，便改变志向，最终只能碌碌无为，一事无成。

确定工作目标，对自己而言，就是可以找到位置。其实目标和努力是相辅相成的，需要一点一点的积累，积累各方面的知识、人脉等等。不要急躁，人的成功不是一蹴而就的，每天朝着自己的目标进步一点点，总有一天，你会达到理想的彼岸的。

比塞尔是西撒哈拉沙漠中的一颗明珠,每年有数以万计的旅游者来到这儿。可是在肯·莱文发现它之前,这里还是一个封闭而落后的地方。这儿的人没有一个走出过大漠,据说不是他们不愿离开这块贫瘠的土地,而是尝试过很多次都没有走出去。

肯·莱文当然不相信这种说法。他用手语向这儿的人问原因,结果每个人的回答都一样:从这儿无论向哪个方向走,最后还是转回到出发的地方。为了证实这种说法,他做了一次试验,从比塞尔村向北走,结果三天半就走了出来。

比塞尔人为什么走不出来呢?肯·莱文非常纳闷,最后他雇了一个比塞尔人,让他带路,看看到底是为什么。他们带了半个月的水,牵了两头骆驼,肯·莱文收起指南针等现代设备,只拄一根木棍跟在后面。

10 天过去了,他们走了大约八百英里的路程,第 11 天的早晨,他们果然又回到了比塞尔。

这一次肯·莱文终于明白了,比塞尔人之所以走不出大漠,是因为他们根本就不认识北斗星。在一望无际的沙漠里,一个人如果没有目标,只凭着感觉往前走,他会走出许多大小不一的圆圈,最后的足迹十有八九是一把卷尺的形状。比塞尔村处在浩瀚的沙漠中间,方圆上千公里没有一点儿参照物,若不认识北斗星又没有指南针,想走出沙漠,确实是不可能的。

肯·莱文在离开比塞尔时,带了一位叫阿古特尔的青年,就是上次和他合作的人。他告诉这位汉子,只要你白天休息,夜晚朝着北面那颗星走,就能走出沙漠。阿古特尔照着去做了,三天之后果然来到了大漠的边缘。阿古特尔因此成为比塞尔的开拓者,他的铜像被竖在小城的中央。铜像的底座上刻着一行字:新生活是从选定目标开始的。

这个故事让我们明白一个道理:对于没有目标的船只来说,不管什么方向的风都是逆风。同样的道理也适用于我们的工作。如果工作失去目标,再忙也不会有收获的。而一旦有了目标,我们内心的力量便找到了方

向，工作起来就会事半功倍。而盲目的漂荡始终是没有归宿的，这种漂荡会让你心中无价的金矿不被他人发现，只能把你当成普通的一员。

在生活中没有目标，就好比一个断了线的风筝，不知飞往何处，每天只是一味地吃、喝、拉、睡，生活就没有激情；工作中没有目标，每天只是拼命地傻干，这样的工作自然没有效率。

魏晓梅是一名大二的学生，因家里经济条件不好，她打算找一份业余工作，以减轻父母的负担。她的老师为她引见了自己的一个好朋友——在某跨国集团担任总经理的姚总。

在得知魏晓梅的家庭情况后，姚总一口答应了魏晓梅的老师，说会尽力帮她的忙的，就联系了魏晓梅，让她有时间去他办公室找他。

一个周末的下午，魏晓梅来到姚总办公室，姚总热情地接待了魏晓梅，并认真地问道："你有没有目标，最想做哪一份工作？"

魏晓梅当时也不知道做什么工作好，就回答道："随便吧，只要是一份工作就行。"

姚总沉吟片刻之后，以长辈的口吻提醒她说："你知道吗？成功的道路是目标铺出来的。如果你没有奋斗目标，那么你努力工作就会毫无意义。"

魏晓梅一时无言以对。

姚总耐心地对她说："这样吧，你回去好好想想，你到底喜欢做什么工作，等你想好了再来找我。"

魏晓梅回家后，认真地想了想，一周后，她就把自己想从事的工作，详细地告诉了姚总。之后她如愿获得了自己的工作，并且在那份工作上做得非常出色。

这件事让魏晓梅受益匪浅，之后她无论做什么事情，都会为自己确定明确的目标。正因为确定了工作目标，她以后做任何事情都很顺利。

对于我们来说，工作目标就是努力的方向。有了自己的努力目标，会让你向着目标不断地前进，去争取成功。人人都有条件成功，关键是要制订目标,制订目标比努力更重要。有了目标,我们才会找到前进的路。

歌德说:"人生最重要的是有伟大的目标与达到伟大目标的决心。只要不失目标地继续努力,终将有成。"山高有攀头,路远有奔头。奋斗目标决定着人生的前途命运,关系着事业的兴衰成败,要使人生健康成长,事业获取成功,就一定要尽早思考和确立自己的奋斗目标。

目标是无形的教具,它告诉我们应该怎样把握命运;目标是指南针,它引导我们向充满生机的希望进军。若我们能听从梦想的指挥,信心百倍地努力,尽量实现自己向往的生活,就会让自己收获意外的成功;若我们有了目标,即使是造空中楼阁,付出的努力也不会付诸东流,楼阁就在那儿,现在只需你将下面建牢。

一个想要找到金矿的采矿者,如果他没有目标,只是觉得在海滩上挖掘更容易,就在那儿寻找金子的话,即使他再努力再辛苦再忙碌,找到的也只是一堆堆沙土,绝对不可能找到金子;一个挖井的人,若挖了很久还见不到水,如果他此时不转个弯,即使他再怎么努力地挖,也不会挖出水来。所以,我们千万不要在不必要的地方付出你全部的精力。你要想有所收获,必须选择自己的目标。

5.

跟紧目标,不达目标不放手

一个人无论现在多大年龄,他真正的人生之旅,都是从设定目标的那一天开始的,只有设定了目标,并且跟紧目标,不达目标决不放手,这样的人生才有真实的意义。

目标创造出目的和意义。有了目标,我们才知道要往哪里去,去追求些什么。伟大的艾德米勒·拜尔德说:"没有目标,日子便会结束,像碎片

般的消失。”

在生活中，我们经常看到有许多匆匆忙忙、一日不得闲的大忙人，他们整天没有一刻休息，但总也见不到任何显著的成效。归根结底，就是因为他们没有目标，所以才容易放弃自己的底线和原则，做事总是浅尝辄止，刚刚上手去做这件事，不久就被另外一件事吸引了注意力。到头来只能像抓蝴蝶的小猫，忙活半天仍然两手空空。

在工作中，一个没有目标的人，可能一辈子都会活在庸庸碌碌的繁忙中，这是因为他们没有坚持、没有长性，这无疑是在“戏弄”自己的生命。人生短暂，精力与时间都是非常有限的。我们只有树立目标，才能跟紧目标，并紧紧把握住自己独有的优势和志在必得的决心，凭借不达目标不放手的努力，执著而专注地干下去，这样才能有所作为。

一位哲学家在田野漫步，看见水田中新插的秧苗，整齐得如同用笔画过一样。他禁不住好奇地向田中老农问其原因，老农忙于插秧，没有抬头，只是说：“只要一直向前插苗就可以了。”

哲学家觉得很简单，于是卷起裤子，拿起一把秧苗兴冲冲地插起来，插完一看不由得大惊，自己虽然是按老汉说的那样插秧，插出来的秧却是奇乱无比。

他只得又一次问老农，怎样才能插得笔直，老农告诉他：“插秧不光只看秧，还要有一个目标，目标与秧苗要并进，一列整齐漂亮的秧苗就能很快插完。”

哲学家谨记教训，再次下田插苗，谁知这次的秧苗，弯弯得竟如一轮月亮。他再次请教老农，老农急了，问道：“你插苗时，眼睛里有没有确定的目标？”

哲学家答道：“有啊，我盯着那边吃草的水牛，它就是一个目标！”

老农说：“牛边吃边走，目标不是固定的，怎么能整齐？”

哲学家突然明白了。后来他把远处的一棵大树当作目标，在插秧时跟定目标，果然插出了一排整齐的秧苗。

做任何事情，我们一旦制订目标，就得锁定目标，跟紧目标，让自己具有不达目标不放手的顽强毅力，有不出成绩不罢休的拼搏精神，这样才能在职场上立于不败之地。

我们很多人在日常生活中，喜欢幻想，喜欢憧憬，喜欢描绘。因为没有锁定目标，使得这一切仅仅停留在心动的层次上，到头来仍是两手空空，一无所有。因此，我们只有锁定自己的目标，并为之付诸行动，才有可能实现自己的梦想。

工作中，一旦我们锁定目标，就不会在失败的阵痛中轻言放弃。挫折与磨难只会构成理论上的失败。但如果丢弃了目标，就会迷失自己。只要说在这之前还不是一败涂地，那么现在就是你真正意义上的突破点了。跟紧你的目标，让目标指引你正确前行，只要你不放弃目标，就会在挫折与磨难中变得更加坚强，这种坚强会让你离成功越来越近。

锁定目标，就不会让我们在倦怠与不自信中否定自己。美国儿童文学女作家露意莎·梅·奥心科特说："我至高的期望在那远处的阳光下。虽然我不可能达到它们，但我可以望见它们，它们很美，我相信它们存在，并会想尽方法攀登它们。"

人的一生会经历无数的进退得失，这都对我们的心灵产生深刻的影响，有时甚至会让我们对生活失去信心，但是只要我们跟紧自己的目标，就会对自己的人生际遇有一个清醒的认识，就敢于面对现实，努力适应新的环境，完善自己驾驭环境的能力。无论环境怎么改变，只要我们抱有不达目标不放手的决心，在任何岗位上都会朝着自己的目标脚踏实地、扎扎实实地工作，这会让我们做得比想象中更优秀。

他从小就喜欢足球，但十岁那年发生的一件事，却给了他很大的打击。当时他在纽维尔老男孩队参加训练。一天下午，他所在的球队和另外一个同年龄段的球队进行足球比赛，有好几次，队友都把球传到了他的脚下，但由于过度紧张，他多次错失良机，导致球队最后惨败而归。

终场结束后，在更衣室里，好多伙伴把手指放在嘴边，对他发出嘲笑的嘘声，并现场给他起了一个外号"臭鞋大王"。他难受极了，决定放弃。

他怏怏不乐地回到家，把今天发生的一切告诉了父亲。父

亲语重心长地告诉他，要想成功，就要接受失败，同时为自己树立目标。

那天晚上，他暗暗发誓："我也要在逆境中努力，进最好的球队，成为像马拉多纳那样的伟大球员，登上足球的顶峰，成为世界足球先生！"

从那以后他每天坚持踢球八个小时以上。他坦然面对教练的批评和队友的指责，他的眼里只有一个目标：球门。

一年后，11 岁的他被诊断出发育荷尔蒙缺乏，而这会阻碍他的骨骼生长。家里的经济条件难以承担他的治疗费用，但乐观努力、积极向上、球技不断完善的他，受到巴塞罗那球探的青睐。2000 年 9 月，身高只有 140 厘米的他得到邀请，去巴塞罗那试训。

试训场上，他紧紧盯着自己的目标，连中三元。试训刚一结束，俱乐部负责人就毫不犹豫地给他在俱乐部注册并安排他去最好的医院接受治疗。在当年参加的 38 场青少年比赛中，他一共打入 31 个进球。

当第 15 届世青赛的大幕在荷兰乌德勒支缓缓落下时，身高只有 1.69 米的他，将一个巨人的背影留给了全世界。由于阿根廷队在小组赛中的糟糕表现，人们都以为这支队伍难以走得更远，正是他的出色表现挽救了全队。他作为阿根廷队的灵魂人物，最终率领阿根廷 U21 青年队获得世青赛冠军，他自己也获得世青赛的最佳球员称号。

他就是里奥·梅西，巴塞罗那的前锋球员以及阿根廷的国脚，他被球迷亲切地称为"新版马拉多纳"，他用近乎完美的球技实现了自己的目标。2009 年 12 月 1 日，梅西凭借 2008—2009 赛季带领巴塞罗那取得西甲、国王杯、欧洲冠军联赛三冠王的成绩。20 天后，在苏黎世举行的第 19 届国际足联颁奖典礼上，他获得"2009 年世界足球先生"称号，捧着金灿灿的奖杯，他说："不要闭上眼睛踢球，要紧紧盯住自己的目标。只要努力，梦想就离你不远了。"

梅西的故事告诉我们，成功的道路是由目标铺成的。真正成功的人，都有明确的目标及切实的执行计划，鲜花和荣誉从来不会光顾那些没有目标的人。可见，目标是人生的灵魂和精神支柱，是事业发展的第一要务。

在生活中，如果我们跟紧自己的目标去追求的话，生活的压力和张力就会消失，我们就会像障碍赛跑一样，为了达到目标，而不惜冲过一道道关卡和障碍。

俄国作家列夫·托尔斯泰曾经说过："人活着要有生活的目标：一辈子的目标，一段时间的目标，一个阶段的目标，一年的目标。"这话使我们领悟到，心中时刻怀有目标的人，才是一个聪明的人、有志气的人、活得有意义的人。人类是受目标驱使的精灵，世界会为那些有目标和远见的人让路。目标决定人生的未来，目标关乎事业的成败。只要你尽早确立自己的人生奋斗目标，并为实现目标不懈努力，相信在目标的引领下，你的人生和事业必将更加精彩辉煌、风光无限。

成功源于目标，人类历史中过程相同的成功也是如此：目标开始只是一个梦，但到一定程度时它就成了现实。所以制订目标，是梦想成真的前提。目标会在你的思维中为你开辟一条道路，人生就要沿着这条路进行下去。

第五章

珍惜眼前的工作，对现在负责才是对未来负责

对于每个人来说，工作既是立身之本，也是实现人生抱负、施展才能的舞台。没有工作，我们就失去了生活的幸福之源，失去了实现自身价值的舞台，我们未来的人生也将会变得黯淡无光。所以，我们一定要珍惜眼前的工作，对现在负责才是对未来负责。

1. 别沉湎过去，认真工作创造美好未来

身在职场，我们要坚信未来是美好的，只要我们把握住现在，并且尽全力来奋斗，未来一定会比过去好。因此，不管自己过去有过怎样的失败，都不要沉湎过去，而要用一种负责的心态工作，创造自己美好的未来！

无论你所做的是什么样的工作，只要你能认真地、勇敢地担负起责任，你所做的就是有价值的，你就会获得尊重和敬意。虽然有的责任担当起来很难，有的却很容易，但其难易不在于工作的类别，而在于做事的你。只要你想、你愿意，你就会做得很好。把现在的工作做好，就是为未来能做出出色的成就打下了坚实的基础。

从本质上说，对工作负责是一种与生俱来的使命，它伴随着每一个生命的始终。在任何公司，在任何时候，只有那些能够勇于承担责任的人，才有可能被赋予更多的使命，才有资格获得更大的荣誉。

一个对工作不负责的人，或者是对工作缺乏责任感的人，首先失去的是社会对自己的基本认可，其次失去的是别人对自己的信任与尊重，甚至也失去了自身的立命之本：信誉和尊严。司马迁忍辱一生，终为后人留下有“史家之绝唱，无韵之离骚”之称的《史记》；全国劳动模范王顺友 20 多年累计走完 26 万公里的漫漫送邮路，风餐露宿、风雨无阻送邮件，他们坚忍不拔的事迹，靠的就是强烈的责任意识和对事业的无限执著。1999 年，大连一公交车司机黄志全在行车途中突发心脏病，在生命的最后一分钟里，他做了三件事：第一，把车缓缓地停在马路边，并用生命的最后力气拉下了手动刹车闸；第二，把车门打开，让乘客安全地下了车；最后，将发

动机熄火，确保了车和乘客、行人的安全。做完这三件事，他安详地趴在方向盘上停止了呼吸。是什么使得这些名人和普通人具有如此撼人心魄的力量？是对工作的负责，是一种“生命不息，尽责不止”的强烈责任感。

作为一名公司的员工，在自己的岗位上对工作负责，就是承担应当承担的任务，完成应当完成的使命，做好应当做好的工作。爱默生说：“责任具有至高无上的价值，它是一种伟大的品格，在所有价值中它处于最高的位置。”

责任健全人格，责任提升能力，责任促进发展，责任推动和谐。同样，责任创造生活，责任改变未来。我们要想对自己负责、对自己的未来负责，就得对自己的工作负责，只要你在工作中保持着较强的责任心，那么你必将有一个健康、和谐、腾飞的明天。

只有责任，才能让我们每个人拥有勇往直前的勇气，才能使每个人产生强大的精神动力，才能使每个人积极地投入到工作中去，并将自己的潜能发挥到极致。事实上，也只有那些勇于承担责任的人才有可能被赋予更多的使命，才有资格获得更大的荣誉。

责任是永恒的职业精神。如果说智慧和能力像金子一样珍贵，那么勇于负责的精神则更为可贵。一个民族缺少勇于负责的精神，这个民族就没有希望；一个组织缺少勇于负责的精神，这个组织就难以让人信任；一个人缺少勇于负责的精神，这个人就会被人轻视。

奥巴斯现在是一家大型建筑公司的副总经理。可是在几年前，他只是一名临时工，负责搬运货物。

在搬运货物的过程中，和奥巴斯一起来的其他同事，一搬完属于自己的货物，就开始抱怨工资太少，然后躲在墙角里抽烟。只有奥巴斯，不但对本职工作负责，还利用闲暇时间，学习一些建筑知识。他在做好本职工作后，会给公司里每一个工人的水壶里倒满水，并利用他们休息的时间，缠着让他们讲解与建筑相关的各项知识。

很快，这个勤奋好学的年轻人引起了建筑队长的注意。不久，他这个临时工就被提拔为公司的计时员。可能是因为刚工作时不太熟练，奥巴斯在一次工作中犯下一个错误，幸好队长及时发现，才没有给公司造成损失。奥巴斯为此受到上级领导的批评。

看他工作没几天就犯了错误，和奥巴斯一起进公司的其他工友就劝他："唉，咱们没有学历，就是当临时工卖苦力的命，我看你还是调回来吧。"

奥巴斯却坚定地说："我一定会把这项工作做到最好的。"

从那以后，奥巴斯从"失败"中走了出来，他比以往更加勤勤恳恳地工作了，每天早上他第一个来，晚上最后一个离开。由于他对所有的建筑工作已经非常熟悉了，工作上很快就得心应手了，当建筑队的负责人不在时，工人们遇到问题都会来问他。

有一次，建筑队的负责人看到奥巴斯把旧的红色绒布撕开，包在日光灯上，以解决施工时没有足够的红灯来照明的问题，这位负责人便决定让这个勤恳又能干的年轻人做自己的助理。就这样，他通过负责认真地工作，抓住了一次次的机会，只用了短短几年时间，便升迁到了建筑队所属的这家建筑公司的副总经理位置。

虽然成了公司的副总，奥巴斯依然坚持自己勤奋、负责的工作作风。他常常在工作中鼓励大家学习和运用新知识，还常常自拟计划，自己画草图，向公司提出各种好的建议。只要给他时间，他总是把客户希望他做的所有事做到最好。

奥巴斯的故事告诉我们，对工作负责就是对自己负责，对工作负责，才能铸就美好的未来。试想一下，如果奥巴斯当初一味地沉湎于过去工作的失误中，那么他就不会有现在的工作成就。由此可见，我们要想让自己有一个美好灿烂的未来，就必须忘掉过去的不快乐，珍惜当下，奋斗当下。

我们每个人生活中的大部分时间都是和工作联系在一起的。放弃了责任，就背弃了对自己所负使命的忠诚和信守。责任胜于能力。当你意识到自己的责任，勇敢地承担起自己的责任时，你所在的公司或团队，会因为你的这份责任感而变得更加辉煌和强大，而你的人生也会因此拥有更多的卓越和精彩。

不同的岗位，有不同的工作要求，但无论岗位有多么重要抑或是多么平凡，都需要我们担当责任。只有爱自己的岗位，才会为之坚持不懈地努力，才能体会出岗位需要承担的那一份使命和责任。

对于个体而言，责任是一个人有所成就的不竭动力；对于团队而言，只有每个人的责任汇聚为整个团队的价值，这个团队才能持续发展，才能真正凝聚力量、走向未来。

歌德说过："责任就是对自己要去做的事情有一种爱。"我们只有对责任有了越发深刻的认识，才会对自己工作岗位的责任有一份更特殊的理解。

一个有责任感的人，必定是敬业、热忱、主动、忠诚，把细节做到完美的人。在责任感的驱使下，他们会积极挖掘自我潜能，会更加勇敢、坚忍和执著，会充满激情地勤奋工作。由此可见，负责任不仅是一种使命和职业精神，更是一种能力，是其他所有能力的统帅与核心。缺乏负责精神，其他的能力就失去了用武之地。无论一个人多么优秀，他的能力都要通过尽职尽责的工作才能完美地展现。一个不愿意担负责任的人，即使工作一辈子也不会有出色的业绩。

有的人虽然在平凡的工作岗位，却坚信"不是我去选择最好的，一定是最好的选择了我"，兢兢业业、勤勤恳恳、默默奉献、无怨无悔地干出了出色的业绩。平凡与伟大就像小草与鲜花，而平凡多了几分真实、几分坦荡、几分洒脱。平凡不是不求进步，不思进取，而是在平凡中耐得住寂寞，将感情和热血注入工作中去，担当起自己的责任，实现着自己的理想、信念与存在价值，虽平凡却高尚！

在工作中勇担责任的人，一定是恪守职业道德的人。恪守职业道德绝不是单纯地拿规范和准则来约束自己，更不是一句空洞的口号，而是把道德的需要转化为自身的自觉行为，转化为内心的理想追求，将爱岗敬业、诚实守信融化到工作的点点滴滴之中。面对挫折，当冷静从容、沉着应对；面对名利，当恬静淡泊、宁静致远；面对诱惑，当自警自律、知耻知止；面对同事，当宽容大度、内心坦荡；面对责任，更当胸怀博大、勇于担当。可以说，道德高尚、具有优良的品质是做人做事的根本，是勇担责任的前提！我们只有学会勇担岗位责任，恪守职业道德，才能实现自己的人生价值。

2.

珍惜工作，对现在负责就是对未来负责

对于我们每个人来说，工作是上天赋予的神圣使命，它既是我们的立身之本，也是我们实现人生抱负、施展自己才能的舞台。可以说，没有工作，我们就失去了生活的幸福之源；没有工作，我们就失去了实现自身价值的舞台；没有工作，我们未来的人生将会变得黯淡无光。所以，我们一定要珍惜工作，因为对现在负责就是对未来负责。

珍惜工作，会让我们把工作中的困难当做是一种乐趣，一种挑战，一种修为，一种品质。珍惜工作的人对工作上的事情决不拖延，会尽全力把每项工作做好。珍惜工作的人，即便是在平凡的工作岗位上，也能作出突出的贡献。

我们可以没有辉煌的过去、没有满载的荣誉，但只要我们努力珍惜现在的工作、用心把当下的工作做好，那么未来一定会比现在和过去好。放眼明天，机会正向我们走来，对我们来说最重要的事，就是如何把握好机会，如何走好这条路。以前的我们或许没有努力，但当你现在明白过来后，一定要充满活力，充满自信，也许未来的路十分艰难，但是，只要怀着对工作负责的心态去面对，你就敢于接受工作中的任何挑战。

现代职场竞争如此激烈，工作如此难找，当我们拥有一份工作时，一定要珍惜这来之不易的工作机会。只有懂得珍惜，才能明白什么是珍贵。昨天是一张作废的支票，明天是一张期票，而今天则是你唯一拥有的现金，所以我们应当好好地把握，对工作负责。

对工作负责需要我们落实到工作中的每个细节中去。也许你会抱怨目前的工作并不合你的意，抱怨工作辛苦、领导不器重你……你一天比一天觉得无聊、厌烦，甚至想换个环境。但你想过没有，这一切的抱怨犹如

一个人总在抱怨自己没有新鞋子可穿，直到有一天，他看到有人居然没有脚……当碰到问题时，不要直接说“那是不可能的”，而是投入我们的真诚，冷静地思考问题的症结，积极地寻求解决问题的办法，只要我们真诚和用心，问题就会迎刃而解。

身在职场，我们必须清楚，在竞争日益激烈的职场，不是人人都可以有一份工作，还有很多人在为找不到工作而发愁，当你对自己的工作感到厌倦时，说不定已经有人在觊觎你的岗位了，稍有疏忽，你就有可能失去它。所以，你拥有一份工作是幸运的，如果你不懂得珍惜来之不易的工作，就有可能把已经得到的幸运拱手让出去。

刘磊是计算机网络技术专业的专科毕业生。毕业后第二年，他被一家大公司聘用。可是工作两年后，他嫌薪水低，工作强度大，经常在工作上挑三拣四的。由于在工作上不积极，他的工作能力一直得不到提升。后来被新来的员工取代了位置。

刚从公司离开时，刘磊感觉到无所谓，心想，反正自己有两年多的工作经验，不愁找不到工作，说不定还会比原来的工作好呢。可是让他没有想到的是，几个月来，他参加过很多人才大市场的招聘会，也在网上投了上百份简历，虽然有几家公司让他去面试，但是让他想不到的是，去后发现别看只有一个职位，薪水也不高，但却有几十个人来竞争，而且很多都是比他学历高、有经验的人。

就这样，半年过去了，刘磊仍然没有找到合适的工作。他感慨万分地说：“看来，找一份工作真是太难了，早知这样，我真该好好珍惜自己之前的那份工作啊。”

我们要懂得，不是每一个人都能拥有一份工作，同样也不是每一个拥有工作的人，都懂得珍惜自己的工作。但是我们作为一个社会人却是离不开工作的，否则我们将没法在这个社会上生存和发展。

对于每个人来说，只有珍惜现在才能把握未来。而珍惜工作的最大表现，并不是喊多响亮的口号，而是要付诸行动。我们都有自己远大的理想和目标，都想有一份好的工作、理想的事业，要实现这些，就必须做好自己眼下的工作,不但要珍惜它,还要对它负责。

任何一位成功者的起点,都像我们一样,是从身边的普通工作做起的。只有把自己的工作做好,才算是向自己未来的人生迈了第一步。

现代职场上,有些人认为工作是上天的安排或是与生俱来的,其实不是。在物质社会中,工作是我们大多数现代人赖以生存的基本形式之一,有工作才能够安身立命,有工作才能让自己生活得快乐。你是幸运的,因为你已经拥有了一份工作,只要你懂得珍惜,对工作负责,你就不会轻易失掉它。

毛家位在大学毕业之前就被一家公司相中,双方签订了工作协议。许多同学都羡慕毛家位能有这么好的工作机会。可是在参加工作以后,毛家位发现工作远不像自己想的那样,每天都是面对电脑中的一堆代码,处理程序中的问题。他很快就厌倦了这样的工作,做事也不像之前那么用心了。

和他一起进入公司的同事刘挺,刚开始的时候,也感觉有些不适应,但是他想到现在竞争这么激烈,自己能得到一份工作就已经很不错了,如果自己不好好珍惜,很可能就失去这份工作。

过了一个月,刘挺已经完全适应了工作环境。一天,经理把新员工叫到他的办公室,对他们说:“大家来公司已经一个多月了,相信一个月的时间,大家都适应得差不多了,这么跟大家说吧,现在你们一共8个人,等到三个月的试用期满,公司会留下6个,2个被淘汰,谁走谁留,就看谁做得好,谁做得差。”听了经理的话,每个人心里都捏了一把汗。

如果在一个月前,大家的起点都是一样,但是现在,毛家位知道自己和别人已经有很大的差距了,想到自己可能会被淘汰,他心里顿时后悔以前不珍惜工作的行为。毛家位曾经和朋友去过招聘会现场,感受过“僧多粥少”的局面,现在回想起来,自己和那些没有工作的人相比真是幸运得多。

从那天开始,毛家位就像换了一个人,每天早来晚走,工作十分认真。平时向老员工请教问题,和小江一起学习工作中的新知识,终于在两个月后的考核中顺利通过。这次经历让毛家

位知道竞争的激烈和工作的来之不易。

毛家位的故事，给我们所有身在职场的人都上了重要一课，那就是，工作岗位不是为某一个特定的人而设置的，它是为那些具备了一定才能，而且珍惜工作的人而设置的。如果你不懂得珍惜自己的工作，那么就有适合这个岗位的人来代替你。

我们一定要明白这样一个道理，并不是每个人都能像我们这样幸运，能拥有一份属于自己的稳定工作，并不是每个人都能有机会为国家为社会奉献自己的智慧和力量。所以，我们一定要珍惜，珍惜我们的岗位，珍惜社会给予的责任，珍惜每一个快乐工作的日子。

过去的已经过去，不要再去回望和留恋，而要往前看，未来充满希望，在工作中，我们只要付出努力和行动，踏踏实实地做好当下的工作，美好的未来就在前方等着你！

3. 尽职尽责，赢在职场

对于我们每个人来说，工作就意味着责任。对工作尽职尽责、无私付出，是我们珍惜工作的基础。所以，无论我们做的是什么样的工作，只要你能够尽职尽责地去把它做好，就证明你所做的事情是有意义的，就会获得别人的尊重和敬意。

在工作中，如果我们每个人都充满着责任感，尽职尽责地去对待工作，哪怕遇到再大的困难，你都会想尽一切办法去解决，排除阻碍工作的绊脚石。有了这种尽职尽责的精神，你就可以把任何艰巨的任务都完成得非常出色。但是，如果一个人没有责任感，不能够尽职尽责地去对待自

己的工作,那么即使是自己最擅长的工作,也会做得一塌糊涂

对工作尽职尽责,是要求我们做好职责范围内应做的事情。在竞争激烈的职场上,我们唯有珍惜工作,对工作尽职尽责,才有可能在工作上取得非凡的成就。

对工作尽职尽责,会让你在激烈的职场竞争中脱颖而出,或者成为工作领域的专家,或者成为公司不可或缺的人才……曾经有一位商业巨子,在谈到自己的成功时,这样告诉我们:"朋友们,'只为成功找方法,不为失败找理由'帮助我获得了今天的成就。在最初我选择职业的时候,我没有怀疑过自己的选择,也没有对我所服务的公司抱过疑虑;我当时的想法很简单,既然我接受了这份工作,那么我应该在正视工作的同时,给予它足够的重视,我只要比别人多努力一点点,多那么一点点责任感,我就有可能因此获得人生的一个成功。事实上,在后来的工作和创业中,我一直坚持自己最初的想法,因此我获得了成功。"

身在职场,我们一定要明白,只要从事工作就意味着负有责任,从事工作就必须做到尽责。那么何为"尽责"呢?尽责,就是尽力承担责任的意思,通俗地讲就是负责的意思。它的内涵就是:责任面前不需要有任何借口;这是一种敬业的精神,是一种服从的态度,是一种完美的执行力。

十多年前,技校毕业的张华飞到这家公司就职时,做的是机电工作,由于这份工作很对张华飞的专业,他非常珍惜这份工作,对工作可谓是尽职尽责。

张华飞在工作中一干就是十多年,十多年中,不但张华飞的业务技术得到了提升,而且他勤勉踏实而又负责的态度,得到了领导和同事的肯定。在他工作的第四年,公司就提拔他为部门电修二组的组长。一向对工作尽职尽责的张华飞更忙了。他爬门机、登行车、放电缆,每一样都走在同事的最前面。

工作忙时,张华飞还会带病坚持工作。原来,张华飞患有颈椎炎,工作时经常会看到他双手交换着敲打后颈部,实在难受的时候,他就摇摇头以缓解疼痛。但就是这样,他对工作仍然是从不懈怠。

有一次,一根高压油浸电缆由于使用年限长,出现了老化漏

油现象，张华飞发现情况后，及时向领导汇报了情况。第二天，公司临时决定更换这根有严重隐患的电缆。因这根电缆关系到公司一部分场地的照明和码头动力箱的供电，电缆必须在当天更换完毕。而部门要求电修组全力配合机修厂做好准备工作。可不巧的是，当时正值星期六，班组人员都休息，技术过硬的张华飞，立刻提出自己来完成任务。

张华飞一个人在周六周日自动加班。由于那块电缆盖板平时很少开启，上面又没有挂钩，要开启必须花上很多的时间和力气，于是张华飞拿起撬棒，一点一点撬起盖板穿上钢丝绳，然后由铲车吊离电缆沟。就这样，他从周六早上七点半一直干到晚上十点。又从周日早上五点干到下午三点，才把工作做完，当灯光照亮的一刹那，张华飞笑了。而此时，他还没吃中午饭呢。

在安全管理中，张华飞更是认真负责。他每月都按时布置职工学习计划，并组织开好每一期“三三制”活动；每次分工会，他都要不厌其烦地叮嘱每位职工要做好安全防范工作；一有机会，他还经常与职工进行交流谈心，并对个别思想上有负担的职工及时进行开导，确保职工思想稳定，促进班组安全工作。通过他的努力，班组职工的安全意识明显增强，精神状态明显改变，工作积极性显著提高。整个班组形成了一种既体现严格管理、又充满生机活力的和谐的工作氛围。

在业务素质上，张华飞更是从不含糊。因为他是电修组组长，这就要求他不仅要当好表率，而且要业务过硬。他深知自己文化程度不高，因此在工作的间隙，都会跑到队部的电脑前查资料，和管理技术人员一起探讨解决问题的办法，从中使自己的业务素质得以提高。当前，公司作业区的生产形势喜人，临时堆场不断扩建，因而也就增加了更多为照明设施供电的相关工人，并为开灯和关灯要消耗很多的时间和人力。对此，队部研究决定对临时场的照明进行光控改造。为做好这项工作，张华飞安排职工分档工作，他自己也每天奔波于各个临时场地，当职工们工作遇到问题时，他就会出现在旁边，和职工们一起全力予以解决。

张华飞这样诠释自己对工作的尽心尽责："我们只有做好一份工作才能算有一份成绩，个人取得了成绩就是公司多了一份成绩，聚沙成塔，我们公司才能不断发展壮大。"

对工作尽职尽责，需要我们在职的每一天，都要踏踏实实、尽心尽力地工作，这样才能够把工作做得更好，才能更好地体现自己在工作和生命中的价值。

无论我们的工作多么微不足道，只要用尽职尽责的认真态度、饱满的热情、主动积极的精神来工作，我们就会从平凡的工作岗位上脱颖而出。

有许多人刚步入职场，就梦想明天当上总经理；刚创业，就期待自己能像比尔·盖茨一样成为富人之首。要他们从基层做起，他们会觉得很丢面子，甚至认为这简直是大材小用。尽管他们有远大的理想，但缺乏专业的知识和丰富的经验，缺乏脚踏实地的工作态度。脚踏实地是职场人士所必备的素质，也是实现梦想、成就一番事业的关键因素。因此，职场中的每个人要想实现自己的梦想，就必须调整好自己的心态，打消投机取巧的念头，从一点一滴的小事做起，在最基础的工作中，不断地提高自己的能力，为开始自己的职业生涯积累雄厚的实力。

成功者和失败者的分水岭是：成功者无论做什么，都会尽心尽力，做到尽职尽责，力求尽善尽美，始终不会有所懈怠；失败者则相反，对自己要做的事情缺乏责任心，总是推来推去，一遇到困难，就怨天尤人。

有人曾说，如果你非常热爱自己的工作，那么你的生活将是天堂；否则，你的生活将是地狱。拥有一份工作，我们就得珍惜、热爱这份工作。做到"在其位，谋其职"。尽心尽力、尽职尽责地做好本职工作是自己的职责所在，也是实现自我、成就卓越的必经之路。

在工作中，如果我们每个人都充满着责任感，尽职尽责地对待工作，就会把"不可能完成"的任务完成得相当出色。但是，如果一个人一旦失去责任感，不能够尽职尽责地去对待自己的工作，那么即使是自己最擅长的工作，也会做得一塌糊涂。

我们要想在职场上立足，就得记住，不管做什么工作，都要对工作尽职尽责，怀着高度的责任心，在工作岗位上忘我地坚守，把工作出色地完成。如果一个人希望自己一直有杰出的表现，就必须在心中种下对工作

尽职尽责的种子，在工作中让责任成为鞭策、激励、监督自己的力量，这样你才能让自己赢在职场。

4. 履行责任，在细节中追求完美

有位成功人士说，体现一个人有多大的工作能力的关键，就在于他有没有对工作履行自己的责任，在工作细节中有没有追求完美。因为只有对工作负有责任的人，才会力求自己把工作中的每一个细节做到位。

在职场上，一个能对工作履行责任、在工作细节中追求完美的人，不但能享受工作中的乐趣，还会在工作中收获意想不到的成功。

工作好比一件艺术品，需要我们对工作精雕细刻，使每一次工作都能经得起人们细心的观赏和品味，注重细节，追求完美。这才是我们在工作中的工作态度体现，也就是说，要对每一项工作进行细致的安排，力争把每一项工作都做成精品。

在工作中，我们应该把做好工作当成义不容辞的责任，而不是负担。这就需要我们认真对待、注重细节，不能有半点马虎及虚假；做工作的意义在于把事情做完美，而不是做五成、六成就可以了，应该以更高的、大家认同和满意的标准来严格要求自己。

在工作中看不到细节，或者不把细节当回事的人，对工作缺乏认真的态度，对事情只能是敷衍了事。这种人无法把工作当做一种乐趣，而只是当做一种不得不做的苦役，因而在工作中缺乏工作热情。他们永远只能做别人分配给他们做的工作，即便这样也不能把事情做好。而考虑到细节、注重细节的人，不仅认真对待工作，将小事做细，而且注重在细节中寻找机会，从而使自己走上成功之路。

“无限的爱”日用品和化妆品连锁超市 DM 在德国遍地皆是。这家企业的老板名叫格茨·维尔纳,现已拥有 1370 家连锁店、两万名员工,2002 年的销售额高达 26 亿欧元。维尔纳也是同行业中最富有的,2003 年年初时他的个人财产已达到 9.5 亿欧元。

30 年前,格茨·维尔纳白手起家创建了 DM 连锁店。他有自己的一套注重细节的经营理念,有时还会因为注重细节做出一些特别“古怪”的事情。

有一次,维尔纳走进一家 DM 分店,他要求分店经理拿扫帚来。这家分店的经理把扫帚递给维尔纳,非常疑惑地说:“维尔纳先生,我不明白您要它做什么?”

维尔纳指着地下的灯光说:“您看,灯光的亮点聚在地上,什么作用也没有。”于是,维尔纳用扫帚柄拨了一下上面的灯,让灯光照在货架上。

“把灯光照在正确的位置上。”维尔纳先生给他的员工做出了表率。这让他的员工很受启发,也让他的员工深刻地体会到了工作中无小事这个道理。

从那以后,维尔纳的员工也和他们的老板一样,力求把工作中的每个细节做得完美。就这样,维尔纳的连锁店在短短几年中,就发展成拥有几十家店的公司。

这就是注重细节的结果,正是因为注重每一个细节,才让格茨·维尔纳白手起家创建了 DM 连锁店;正是因为注重每一个细节,才让维尔纳的员工受到启发,在以后的工作中不敢大意,把工作做到最好,为公司以后迅速的发展打下了基础。

对于我们来说,在工作细节中追求完美是专业,注重细节则是工作态度。在工作中,不管大事小事,忽略了细节都会给工作造成不同程度的影响或损失。只有严谨的工作态度才是做好细节的前提条件。所谓严谨,就是认真到近乎苛刻。

做好细节是专业,注重细节是工作态度。所以美国成功学大师戴尔·卡耐基说:“一个不注意小事情的人,永远不会成就大事业。”

古人说“千里之堤,毁于蚁穴”,就是强调伟大的事业不要忽视微小的细节。每一个细节都是任务最终完成质量的关键。正所谓,大风大浪都闯过来了,却在阴沟里翻了船。

一般来说,工作细节上的小事儿往往关系着整个计划的成败。有时候追求完美并不困难,甚至非常简单,就像大声说话一样,只要细节做到位,成功的机会就会降临到你面前。我国著名演员张丰毅的成功,便是得益于对这些小细节的重视。

张丰毅凭借着自己塑造的一个又一个典型人物形象,摘取了演艺生涯的多项大奖,但是在这些奖项中,最让他满意的却是第二十届中国戏剧梅花奖。这个奖项是他凭借在话剧《这里的黎明静悄悄》中扮演的男教官瓦斯科夫一角而摘得的。这是他从影20年来首次演话剧,初涉话剧,便得到了这样一个在中国戏剧界最高的荣誉。然而,只有他自己知道,这份荣誉是来之不易的。

话剧《这里的黎明静悄悄》是根据苏联作家瓦希耶夫的同名小说改编而成,这部小说的电影版曾经给无数中年的中国观众留下了深刻的印象,而这部话剧的导演查明哲,试图通过这部小说的话剧版呈现给大家的,是俄罗斯民族所特有的浪漫主义和英雄主义。

在挑选出演男主角瓦斯科夫的人选时,导演考虑的首要因素就是演员在性格上与俄罗斯汉子是否接近,这使他突然想到了性格有点犟的张丰毅,他深信张丰毅身上的这种气质能够与整个剧情融为一体,还有一点就是张丰毅身上所特有的幽默和朴实,正是其他话剧演员所不具备的。

然而令查明哲料想不到的是,在银幕上像头牛的张丰毅在现实生活中却是一个如温开水般的男人。他在演男教官瓦斯科夫的时候,说台词的速度竟然和他在演电影的时候一样快,这不得不使导演对张丰毅能否成功地塑造这一话剧角色,产生了很大的怀疑。

考虑再三后,他还是决定冒险一试。他认为要想改变张丰毅的现状,一个很重要的前提就是帮他树立起他在话剧舞台上的自信,而要想建立这样的自信,一个既简单又快速可行的办法就是让他在舞台上大声地说话。

刚开始张丰毅听到导演提出这样的要求后,很困惑,他心想:“我不是在大声地说话吗?”但是随着排练时间的增多,他逐渐明白了导演提出这种要求的合理性。由于话剧表演不同于拍影视剧,由于舞台的局限性,话剧的布景非常单一,演出环境不可能有太大的变化,因此话剧里面的人物在演绎自己的角色时,很大一部分就是靠大声说话来进行实现的。

在了解了话剧表演与影视剧表演的这一根本区别后,张丰毅在排练的过程中,便时时提醒自己要大声说话,而且还要让自己的声音注满感情。他在舞台上有时甚至到了一种声嘶力竭的程度,他的很多朋友都担心他会因此把嗓子喊坏了,但他还是信心十足地说:“没事,我的嗓子好得很,一点儿问题都没有。”

功夫不负有心人,靠着“大声说话”这一小细节,张丰毅终于把一个活生生的瓦斯科夫呈现给了观众,他的表演充满了活力和激情,感染了现场观众,同时大声说话也给他自身注入了活力。

正是对小细节的看重,让张丰毅在演艺生涯中迈上了一个新台阶,他的成功经验也告诉我们:成大事者必关注细节。看似不起眼的细节,如果你不注意它,它就会溜出来使你的工作陷入困境。工作中,我们不但要把握好方向,更要多多关注细节,把工作做完善、做彻底。

欧洲有句谚语:“魔鬼存在于细节之中。”我们如果在工作中不能及时关注细节,那么魔鬼就会隐蔽其中,在关键时刻会乘虚而入。这是因为:

(1)细节失误,会导致整体失败。细节与整体密不可分,细节照顾不好,整体就一定不会好,如果适逢这个细节是整体的决定因素,那将会直接导致整体成败。许多时候,在工作中常常是因为一个电话、一份文件甚至一句话、一个标点符号没有处理好,直接导致不可收拾的局面。比如签合同时,一个小数点上的失误,就足以使一家企业倒闭。随着社会分工的细化,技术要求的提高,细节的重要性也愈加突显。每一个庞大的系统都

是由无数个细节结合起来的统一体，忽视任何一个细节，都很可能带来意想不到的灾难。世界上许多大企业的倒闭都和这些小事件有直接关系。

(2)细节失误，会引起连锁反应。细节做不好，累积起来就是大的失误。虽然没有事情能够达到真正的完美，但也应该做到尽善尽美，不要让一些小细节影响到整体。美国质量管理专家菲利普，“一个由数以百万计的人所构成的公司，经不起其中1%甚至是低于1%的人行为偏离正轨。”

(3)细节失误，会使你由优秀沦为不及格。在工作中，任何细节都事关大局，牵一发而动全身，每一件细小的事情都会通过放大效应而突显其在整体中的分量。

5. 善于反省，敢于自我问责

在职场上，我们要想把工作做到位，就得善于反省，并且敢于自我“问责”，只有这样，我们才能敢于否定自我、挑战自我，让自己不断进步。因为过去成功的方法并一定是最好的，也不一定永远是对的。虽然否定和挑战自我是一件很痛苦的事情，它需要我们改变已经形成的理念和做事习惯，但我们必须定期这样去做，否则将丧失前进的可能、变得平庸、陷入困境、最后我们的工作就不会做好，而事业也会走到尽头。

任何一个人，要想让自己的工作或事业一天比一天有进步，就必须善于反省自己，特别是当工作或事业出现问题或失误时，我们要做的不是为自己的过失找借口，而是多反思，发现自己有什么不妥之处时，还要敢于自我“问责”，将自己的责任落实下去。问责是和责任密不可分的，它的逻辑基础就是有责任就必须要落实，只要是在责任落实范围内出现某种事故，就必须得有人来为此承担责任。

在严格意义上，问责的前提是要拥有清晰、合理的权责划分以及合理的进退制度。这就需要我们对自己每天所做的每件事进行控制和清理，也就是说，今天的工作必须今天完成，今天完成的事情必须比昨天有质的提高，而明天的工作，必须比今天做得更好才有进步。

这种对工作主动负责的精神，只有落实到自己身上才能够很好地自我监督，并且敢于自我"问责"。要做到这点，需要我们在实际工作中，着重培养自我反省能力，经常"扪心三问"：问职责何在、问有何作为、问需增何能，力争做到"尽心尽力而问心无愧，尽职尽责而问责无过"，朝着这个目标努力前进，为自己所在的公司或单位的发展作贡献。

两年前，江明英在一户人家做小时工。那户人家很欣赏她，在一年中为她涨了两次工资。江明英在高兴之余，觉得还需要做点什么。她想："我虽然每天很踏实地工作，但是一定有做得不太好的地方。"她想来想去，也想不出自己"不好"在哪儿。

都说"旁观者清"，也许自己在工作中的不足，主人能知道吧。"可是我要是问主人我不好在哪儿，主人一定为照顾我的自尊而不会说实话的。"

江明英左思右想，决定让自己的好朋友李丽给主人魏大姐打电话问问。在李丽打电话之前，江明英特意把需要问的话写在了纸上。让李丽照着纸条念。

李丽在电话里问魏大姐说："您好，请问您需要小时工吗？"

魏大姐回答说："不需要了，我已经有工人了。"

"我会帮您把房间的角落打扫干净的。"

"我的工人已经做了。"

"我会帮您把走道的四周也打扫干净的。"

"我请的那人也已做了，谢谢你，我不需要新的小时工了。"

李丽只好说道："我想，没有一个人能把工作做到完美无缺，您能告诉我，您雇的那个小时工在工作上有没有什么不周到的地方？"

魏大姐想了想，说道："没有，她每天都能把她要做的工作做得令我非常满意，要是说有不周到的地方，我倒是觉得她应该在

工作中途休息一下，我想这样她的工作效率会更高。别小看那短暂的休息，作用大着呢。因为有时候的‘休息’是为了更好地工作。”

李丽听后便挂了电话，她如实告诉了江明英后，奇怪地问她：“你的主人魏大姐对你这么满意，为什么还要让我打这个电话？”

江明英听后说道：“我只是想知道我究竟做得好不好！嗯，看来我以后在工作中间应该休息一下，就像主人说的那样，别小看那片刻的休息，说不定我的工作质量会更好的。”

江明英的工作之所以能让雇主如此满意，是因为她在工作中敢于自我“问责”。我们要想把工作做好，就得像江明英这样。敢于向自己“问责”并承担责任，这既是一种良好人格的表现，也是一种工作称职的表现。

作为公司的一名员工，我们要意识到自己的责任范围有多大，并时刻审视自己的工作，敢于对自己“问责”，你的工作会因为你的责任感变得更加神圣和有意义，而你的人生也会因为你出色的工作成就，变得与众不同。

任何一个人，要想把工作做好，就得在工作中养成定期自我问责的习惯，对自己各个阶段的工作进行深刻分析、总结，找出失败的真正原因，深刻地剖析和定位自己。天长日久，你就会与成功越来越近。

一个人再优秀，他身上也会有这样那样的缺点，敢于定期审视自己的不足，我们才能真正认识到自己的缺点并积极对待，然后有针对性地规划自己的工作，乱中取精，勤于总结，从而让自己更好地“进”。

在职场上，我们每个人都在公司中扮演着不同的角色，每个角色又承担着不同的责任。从某种意义上说，责任是一种与生俱来的使命，我们对角色的最好诠释就是责任使命的出色完成。但是，事情往往不能让人如意，我们在工作中，难免要出现问题。其实，出了问题并不可怕，可怕的是，我们面对问题不是主动加以解决，而是千方百计地寻找借口，或是相互推诿。

定期审视自己的工作，既要敢主动向自己“问责”，还要在问题发生时，勇于面对问题，这既是一种品质，又是一种责任。这是因为，在企业中,每一个环节都会对企业的发展起着至关重要的作用。任何一位员工,如果在其位不谋其职,都会导致企业的整体运作产生问题。所以,老板要求每一位员工能在其位谋其职,负起自己的责任,保证企业中的每一个环节都能正常运作。

在工作中定期审视自己,会消除自己的弱点。比如,当我们在工作中遇到困难而解决不了时,或是在一段时期内工作没有进步时,不要着急,而要问问自己:我怎样能把问题处理得更好？通过不断地"问责",就一定会发现自己的"不足"。

在我们的职业生涯中或是在工作的各个阶段,我们都要不时地审视自己及周围的工作环境,并定期分析和调整自己所追求的目标及价值,这一行为,会让你从自己的实际出发,在把握好社会和企业需要的前提下,充分认识自身的状况,给自己一个比较准确的定位。然后通过发挥自己的长处和优势,通过阶段性目标的不断完成,达到自己最终的理想目标,让你凭借着扎实的工作,在公司提供的大舞台上尽情展示自己的才能,实现自己的人生价值。

第六章

付出努力，用勤奋迎接未来

勤奋是实现理想的基石，是通向成功彼岸的桥梁，是打开幸运之门的钥匙。不管在哪行哪业，要想获得成功，就得付出足够的努力，用勤奋迎接未来！

1. 成功出自勤奋，付出终有回报

常言道："一分耕耘，一分收获。"世界上任何领域的成功都出自勤奋，只要你肯付出，最终会得到回报的。

俗话说，天下没有免费的午餐。不论我们做什么事情，只有付出辛勤的劳动，才会获得丰硕的成果，不劳而获的事情是不存在的。勤奋属于珍惜时间、爱惜光阴的人，属于脚踏实地、一丝不苟的人，属于坚持不懈、持之以恒的人，属于勇于探索、勇于创新的人。

因为勤奋，安徒生从一个鞋匠的儿子成为童话大王；因为勤奋，爱迪生才有了一千多种伟大的科学发明，爱因斯坦才得以发表震惊世界的相对论；因为勤奋，巴尔扎克才给人类留下了宝贵的文学遗产《人间喜剧》。

身在职场，我们要想在工作中有所作为，就应该具有像安徒生、爱迪生、巴尔扎克那样刻苦努力、不懈追求的精神，因为只有这样，我们才能实现自己的目标，在追逐梦想的舞台上一显身手。"一分耕耘，一分收获"，只有在耕耘的时候，付出辛勤的劳动，收获的时候才会有丰硕的成果。

缔造事业辉煌的成功人士，都有一个共同的特点——勤奋。所以，不要抱怨自己的工作没有做好，也不要抱怨成功为什么离自己很远，那是因为你不够勤奋。相信自己，你也许没有什么特别的才能，但只要你能够勤奋地工作，就一定会有相应的回报。

自从传言有人在萨文河畔散步时无意发现金子后，这里便常有来自四面八方的淘金者。他们都想成为富翁，于是寻遍了

整个河床,还在河床上挖出很多大坑,希望找到金子。的确,有一些人确实找到了金子,但另外一些人因为一无所得而只好扫兴归去。

也有不甘心的,便驻扎在这里,继续寻找。彼得弗雷特就是其中的一员。他在河床附近买了一块没人要的土地,一个人默默地工作。他为了找金子,把所有的钱都押在了这块土地上。他埋头苦干了几个月,直到土地全变得坑坑洼洼,依然没有找到金子。后来,他又翻遍了整块土地,仍然连一丁点儿金子都没看见。

半年以后,他连买面包的钱都快没有了。于是,他不想再在这里浪费时间找金子了,就准备离开这儿到别处去谋生。

就在他即将离去的前一个晚上,突然下起了倾盆大雨,并且一下就是三天三夜。雨终于停了,彼得走出小木屋,发现眼前的土地看上去好像和以前不一样:坑坑洼洼已被大水冲刷平整,松软的土地上长出一层绿茸茸的小草。

"这里没找到金子,"彼得若有所悟地对自己说,"但这块土地很肥沃,我可以用来种花,并且拿到镇上去卖给那些富人。他们一定会买些花装扮他们华丽的客堂。如果真这样的话,那么我一定会赚许多钱,有朝一日我也会成为富人。"

彼得这么想着,仿佛看到了将来,他美美地撇了一下嘴说:"对,不走了,我就种花!"于是,他留了下来。彼得花了不少精力培育花苗,不久田地里长满了美丽娇艳的各色鲜花。

他把花拿到镇上去卖,那些富人一个劲儿地称赞:噢,多美的花,我们从没见过这么美丽鲜艳的花!他们很乐意付少量的钱来买彼得的花,以便使他们的家变得更美丽。

几年后,彼得终于实现了他的梦想,成了一个富翁。

"我是唯一一个找到真金的人!"他时常骄傲地对别人说,"别人在这儿找不到黄金便远远地离开,而我的金子在这块土地里。在我看来,只有勤奋的人才能采集到这看不见的'金子'。"

是辛勤的劳动,让彼得从一个普通的淘金者成为富翁。由此可见,这个世界上所谓的真金，其实就在我们眼前，只要你舍得付出力气，就能用辛勤的付出换来真金。

古人云，"人间正道是沧桑"。无论什么人，要想获得成功，就必须要付出足够的努力。你想收获多少，就得付出多少。因为任何成功，都需要经过不懈地努力。收获的成果取决于这个人努力的程度，根本不存在机缘巧合这样的事。

在这个世界上，投机取巧的人是得不到真正的成功的，偷懒的人更是永无出头之日。那些一天到晚总是想着如何欺瞒别人的人，如果能将这些精力及创意的一半用到事业上，那么他们早已取得骄人的成就了。因此，我们要努力去寻找适合自己的工作，并且勤奋工作，相信境况一定会有所改变的。

勤奋是实现理想的奠基石，是补拙益智的催化剂，是通向成功彼岸的桥梁，是自学课堂里的老师，是人生航道上的灯塔。爱因斯坦曾经说过："在天才和勤奋之间，我毫不迟疑地选择勤奋，她几乎是世界上一切成就的催生婆。"高尔基有这么一句话："天才出于勤奋。"卡莱尔更曾激励我们说："天才就是无止境刻苦勤奋的能力。"

之所以成为天才，是因为勤奋会使他们在工作中付出比别人更多的艰辛和汗水，他们任劳任怨，在充满机遇和挑战的社会，他们要求自己抓住机遇脱颖而出，要求自己付出比其他人更多的勤奋和努力，以超强的责任感来达成目标。所以，不管他们现在从事什么样的职业，他们会觉得工作中到处都是大学，他们在勤勤恳恳努力工作的同时还要在工作中、在岗位上、在所有地方不断学习和进步。

其实，勤奋本身就是财富，如果你是一个有责任心的、勤劳、肯干、刻苦的员工，不管是想获得高薪，还是希望得到提拔，你都必须勤奋地工作，刻苦地学习才能让这些变成现实。当今的社会日新月异，不学习、不提高只能被淘汰。而不奋斗，则是没有责任心的表现。我们每天都应该把这个问题在自己的心中问上几遍："我今天进步了吗？我现在够勤奋吗？"如果你不能给自己一个满意的回答，就得赶快努力了。古罗马人心中有两座圣殿，一座是美德的圣殿，一座是荣誉的圣殿。他们在安排座位时有一个顺序，即必须经过前者的座位，才能达到后者的位置。勤奋是通往荣誉圣殿的必经之路。所以，不管什么时候，勤奋、努力工作都是一个人应该履行的责任。

秋千荡到的高度与每一次加力大小有关，我们任何一个偷懒的行为都会降低勤奋的高度，所以只有不断激发自己的斗志和潜能，永葆上进的激情和勤奋工作的状态，才能在工作中像荡秋千一样越荡越高。只有善于学习、勤奋工作的人才能一步一个脚印踏踏实实向成功迈进。

我们要坚信，耕耘了总有收获，付出了必有回报。懂得了这个道理，就赶快在你的工作中行动起来吧，用辛勤的劳动和无私艰苦的付出，换取未来的成功！

2. 勤奋，抵达卓越的阶梯

勤奋，是抵达卓越的阶梯。俄国化学家德米特里·门捷列夫曾经说："没有加倍的勤奋，就既没有才能，也没有天才。"不管在哪行哪业，成功和任何一项成就的取得都离不开勤奋、努力。勤奋是通往成功的必由之路，是打开幸运之门的钥匙。

在工作中，我们只有勤奋努力，才能最终走向成功。我们的理想不是遥不可及的梦，只要你努力，只要你勤奋，那么你就一定会扬起理想的风帆，架起一座通向成功的桥梁。

假如人生是一条船，那么勤奋便是船的桨；假如人生是一只雄鹰，那么勤奋便是雄鹰高飞的羽翼；假如人生是一盏油灯，那么勤奋便是点亮油灯的火。那些有杰出成就的先辈们，用他们的丰功伟绩告诉我们：天才出自勤奋。唯有勤奋才能让我们走向成功与辉煌。

爱迪生是世界著名的发明家。他一生勤奋好学，善于思考，

努力工作，在75岁的时候，还每天准时到实验室上班，他在几十年间几乎每天工作十几个小时，晚间在书房读三至五小时书，若用平常人一生的活动时间来计算，他的生命已经成倍地延长了。因此，爱迪生在79岁生日那天，骄傲地对人们说："我已经是135岁的人了。"

爱迪生活到84岁，一生中的发明有1100项之多，其中最大贡献是发明留声机和自动电报机，实验并改进了白炽灯和电话。

早在20岁出头时，爱迪生就开始研究电灯，在历时十多年的实验中，他先后选用了竹棉、石墨、钨等上千种不同物质做灯丝材料进行试验，时常通宵达旦，有一次他和助手们竟连续工作了5昼夜。

1879年，爱迪生用碳丝作为白炽灯丝，并点燃了40小时。由于碳丝表面多孔，性脆，强度很低，不久被钨丝代替。

1883年，爱迪生发现了热电子发射现象，也叫"爱迪生效应"，即金属表面附近的部分电子或离子因高温而使其无规则运动得到足够的动能，克服表面的束缚，逸出金属之外。"爱迪生效应"对于一切真空管的操作至为重要，作为发射表面的阴极常涂上一层碱土金属氧化物，以利电子发射，并用电流加热以维持高温。

1900年，爱迪生发明了铁镍蓄电池，这是一种碱性蓄电池，电动势为1.3～1.4伏，寿命长，但效率不高，于是，他又继续研究效率更高的电池。

在爱迪生的一生中，有许多发明，他是这样介绍自己成功的原因的，他说："有些人以为我是什么天才，这是不正确的，'天才'是百分之一的灵感，加上百分之九十的努力。"

从爱迪生对世界做出的贡献中，我们再一次悟出了"勤奋"的含义。那就是，任何工作都离不开勤奋，它是通向成功彼岸的桥梁。我们必须要明白一分耕耘才能有一分收获。工作本身就是一个慢慢积累的过程，只要我们坚持不懈，勤学不怠，必然会离成功越来越近。

勤奋是抵达卓越的阶梯。如果你是一个懒惰者，那么，你就永远不会

和卓越有任何关系。卓越就是要让自己变得更强。让一条线变短的最好方法是在它旁边再画一条长线。若想成就卓越，你就要变得更强。

在这个社会上要从众人中脱颖而出，你就要努力争取卓越。那怎样才能使自己变得卓越不凡呢？答案就是勤奋。

美国著名作家杰克·伦敦在19岁以前，还从来没有进过中学，但他非常勤奋，通过不懈的努力，使自己从小混混成为了一个文学巨匠。

杰克·伦敦的童年生活充满了贫困与艰难，他整天像发了疯一样跟着一群恶棍在旧金山海湾附近游荡。说起学校，他不屑一顾，并把大部分的时间都花在偷盗等勾当上。

有一天，他漫不经心地走进一家公共图书馆内开始读起名著《鲁滨孙漂流记》时，他看得如痴如醉，并受到了深深的感动。在看这本书时，饥肠辘辘的他竟然舍不得中途停下来回家吃饭。

第二天，他又跑到图书馆去看别的，另一个新的世界展现在他的面前，一个如同《天方夜谭》中巴格达一样奇异美妙的世界。从这以后，一种酷爱读书的情绪便不可抑制地左右了他。

那时，他一天中读书的时间达到十几个小时，从荷马到莎士比亚，从赫伯特斯宾基到马克思等人的所有著作，他都如饥似渴地读着。19岁时，他决定停止以前靠体力劳动吃饭的生涯，改成凭脑力谋生。他厌倦了流浪的生活，他不愿再挨警察无情的拳头，他也不甘心让铁路的工头用灯按自己的脑袋。

于是，就在他19岁时，他进入加利福尼亚州的奥克德中学。他不分昼夜地学习，从来就没有好好地睡过一觉。天道酬勤，他也因此有了显著的进步，他只用了3个月的时间就把4年的课程念完了，通过考试后，他进入了加州大学。

他渴望成为一名伟大的作家，在这一雄心的驱使下，他一遍又一遍地读《金银岛》《基督山恩仇记》《双城记》等书，之后就拼命地写作。他每天写5000字，这也就是说，他用20天便可以完成一部长篇小说。他有时会一口气给编辑们寄出30篇小说，但它们统统被退了回来。

后来,他写了一篇名为"海岸外的飓风"的小说,这篇小说获得了《旧金山呼声》杂志所举办的征文比赛一等奖,但他只得到了20美元的稿费。5年后的1903年,他有6部长篇小说以及25篇短篇小说问世,他成了美国文艺界最为知名的人物之一。

杰克·伦敦的经历,让我们明白,一个人的成就和他的勤奋程度永远是成正比的。试想,如果杰克·伦敦不是那么勤奋,对写作不是那么如饥似渴,他绝对不会取得日后的成就。由此我们发现,要想成为一个卓越者,除了保证工作质量和拥有胜出意识外,还要有辛苦打拼的心理准备。事半功倍的人运气似乎总是特别好,因为他们特别容易遇到更多有价值、报酬高的工作机会,胜出的可能性也就更大。

在公司中,晋升到重要职位的人,通常都是最努力、最投入的人。他们会不断物色公司里像自己这样的人,所谓物以类聚。所以,想得到胜出的机会,除了让自己保持良好的自我意识外,最快、最有效的做法莫过于勤奋工作。

不幸的是,生活中,大多数人都好逸恶劳,只求做好分内的工作,不被开除就好。根据罗伯哈福国际公司调查,一般人拿了全部的薪水,却只花了5%的时间工作。管理阶层的人甚至在私下接受访问时也承认,大概有10%的时间在工作,其余时间是在处理与工作、甚至与公司完全无关的私事。根据调查,上班族每天有37%的上班时间浪费在和同事的闲聊上;另外22%则浪费在迟到、早退上;有些则浪费在休息和延长的午餐时间上;又有些时间是被私事和打私人电话消耗掉了。

如果这些被浪费的时间能够被利用到工作中去,那么一个人的工作成果会有多大的提升?其结果是可想而知的。

勤奋是通往成功的阶梯,这句话我们都知道,但是,在现实生活中,却不是每一个人都能做到勤奋,而那些真正能做到的人,就会获得成功。所以,我们只有勇于追求、勤奋努力才可以改变命运,这是万古不变的道理,若只想安于现状,那你的生命只会是死水一潭,而死水永远都不会成为浩瀚的大海。

勤奋是抵达卓越的阶梯。当我们明白了这个道理,就从现在起,在工作中行动起来吧,让我们扬起勤奋的风帆,在变幻莫测的职场中搏击风浪，让我们用勤奋的行动，来铸就工作的辉煌，同时也让我们为自己的人生交一份满意的答卷。

3. 勤奋，职场永不过时的职业精神

勤奋工作既是一种能力和克己的训练，也是创造辉煌成就的前提，勤奋工作能激活人内在的激情，勤奋是永不过时的职业精神。不论在什么时代、什么潮流、什么思想下，勤奋永远是受人尊崇的职业品质。

勤奋努力与身处的时代、行业、岗位都没有太大的关系，勤奋努力的工作精神更不会过时，越在当今激烈竞争的时代，越是先进的、高尖的技术行业，越需要勤奋努力、拼搏进取的精神。

在竞争激烈的职场上，只有那些勤奋努力、做事敏捷、反应迅速的人能把工作做得出色；在竞争激烈的职场上，只有充满热忱、血气如潮、富有思想的人，才能把自己的事业带入成功的轨道。这是亘古不变的真理，也是永不过时的精神。

我们只要认真学习，只要足够勤奋，不自以为是，每个人都能进步。现实中很多人夸夸其谈“变化”、“创新”等时髦的概念，却把勤奋和努力的责任心给忘记了。殊不知，这种舍本逐末或是顾此失彼的态度是工作的大忌，也是没有进取心的体现，变化、创新都是在勤奋努力基础上实现的，没有勤奋努力，人的才能无所展现，也就无法获得什么结果。所以，活到老，学到老是永不过时的精神。

童第周是我国著名的生物学家，也是国际知名的科学家。他从事实验胚胎学的研究近半个世纪，是我国实验胚胎学的主要创始人。

童第周出生在浙江省鄞州的一个偏僻的小山村里。由于家境贫困,小时候一直跟父亲学习文化知识,直到17岁才迈入学校的大门。

由于农活儿比较多,童第周便想放弃学业。父亲耐心地开导童第周说:“你还记得‘滴水穿石’的故事吗?小小的檐水只要长年坚持不懈,就能把坚硬的石头敲穿。难道一个人的恒心不如檐水吗?学知识也要靠一点一滴积累,坚持不懈才能获得成功。”为了更好地鼓励童第周,父亲书写了“滴水穿石”四个大字赠给他,并充满期望地说:“你要把它作为座右铭,永志不忘。”

读中学时,由于他基础差,学习十分吃力,第一学期末平均成绩才45分。学校勒令其退学或留级。在他的再三恳求下,校方同意他跟班试读一学期。

此后,他就与路灯常相伴:天蒙蒙亮,他在路灯下读外语;夜里熄灯后,他在路灯下自修复习。功夫不负有心人,期末,他的平均成绩达到七十多分,几何还得了100分。这件事让他悟出了一个道理:别人能办到的事,自己经过努力也能办到,世上没有天才,天才是用劳动换来的。之后,这也就成了他的座右铭。

大学毕业后他去比利时留学。在国外学习期间,童第周刻苦钻研,勤奋好学,得到了老师的好评。获博士学位后,他回到了那时灾难深重的祖国,在极为困难的条件下进行科学研究。

没有电灯,他们就在阴暗的院子里利用天然光在显微镜下从事切割和分离卵子工作;没有培养胚胎的玻璃器皿,就用粗瓷陶酒杯代替,所用的显微解剖器只是一根自己拉的极细的玻璃丝;实验用的材料——蛙卵都是自己从野外采来的。就在这简陋的“实验室”里,童第周和他的同事们完成了若干篇有关金鱼卵子发育能力和蛙胚纤毛运动机理分析的论文。

解放以后,童第周担任山东大学副校长的同时,研究了在生物进化过程中占重要地位的文昌鱼卵发育规律,取得了很大成绩。

到了晚年,他和美国坦普恩大学牛满江教授合作研究起细

胞核和细胞质的相互关系，他们从鲫鱼的卵子细胞质内提取一种核酸，注射到金鱼的受精卵中，结果培育出一种既有金鱼性状又有鲫鱼性状的子代，这种金鱼的尾鳍由双尾变成了单尾。这种创造性的成绩具有世界先进水平。

在日常生活中，我们常常惊异于一些名人、伟人的创造性才能，爱用“才”和“灵感”这样的术语，去解释他们的智力。其实，每一位名人或伟人的智慧，虽然与观察、记忆、想象、魄力、能力等有关，但是，真正让他们成才的，并非都是智力作用，一个最重要的因素就是勤奋。

正是勤奋，才让这些享誉国内外的名人，不但能把自己的本职工作做好，还能利用有限的时间来广泛地学习，为未来的成功打下基础。

我们谁都无法否认，人都是有惰性的，只是每个人“惰”的程度不同而已，关键是我们要有意识地规避惰性，激发自己的积极性。

对于现代职场来说，忠诚敬业是一个优秀员工的职业操守，而勤奋努力则是最完美的职业态度。只有勤勤恳恳、扎扎实实地勤奋工作，才能把自己的才能和潜力全部发挥出来，才能在短时间内创造出更多的价值。

无论何时，我们始终要牢记，勤奋努力的工作精神是永不过时的。在今天，勤奋依然是每一个成功者的法宝。勤奋不仅是一种对待工作的态度，而且也是一种对自己负责任的表现。要想在这个人才辈出的时代里走出一条完美的职业轨迹，唯有用勤奋工作的精神激励自己不断地进取，才能够实现人生的梦想。

4.

勤奋，提高工作效率的前提

在这个世界上，那些只想凭借所谓的天赋取得成功的人，终归难有什么骄人的成绩。法国学者鲁·贝尔认为：伟大的作品来自天才的灵感，但是，只有辛勤地工作，才能把它变成现实。可以说，勤奋，是保持工作高效率的前提。

在工作中，勤奋追求理想的职业生涯对一个人来说十分重要。享受生活当然没错，但如何成为老板眼中有价值的职业人士，才是最应该考虑的。因此，对工作有正确的认识，勤勤恳恳地努力去做，才是对自己负责的表现。

若一个职业人士有头脑、有智慧，绝不会把每一项可以让自己的能力得以提高、让自己的才华得以展现的工作错过。即使这些工作薪水微薄，或辛苦而艰巨，但它能磨炼我们的意志，能培养我们坚韧的性格，是一笔宝贵财富，能让我们一生受益。

你如果想在这个时代脱颖而出，就必须得付出比以往任何时代更多的勤奋和努力，拥有积极进取、奋发向上的心态，否则你只能从平凡转为平庸，最终变成一个一点儿价值和出路都没的人。

原一平，在日本寿险业是一个声名显赫的人物。日本有近百万的寿险从业人员，其中很多人不知道全日本20家寿险公司总经理的姓名，却没有一个人不认识原一平。他的一生充满传奇，从被乡里公认为无可救药的小太保，最后成为日本保险业连续15年全国业绩第一的“推销之神”。最穷的时候，他连坐公车的钱都没有，可是最后，他终于凭借自己勤奋工作的精神，成就

了自己的事业。

1904年，原一平出生于日本长野县。因为家境富裕，从小他就像个标准的小太保，叛逆顽劣的个性使他恶名昭彰而无法立足于家乡。23岁时，他离开长野到东京打天下。他第一份工作就是做推销，但是碰上了一个骗子，卷走保证金和会费就跑了。为此，原一平陷入了困境。

1930年3月27日，对于还一事无成的原一平是个不平凡的日子。27岁的原一平揣着自己的简历，走入明治保险公司的招聘现场。一位刚从美国研习推销术归来的资深专家担任主考官。他瞟了一眼面前这个身高不足1.60米，体重50公斤的“家伙”，抛出一句硬邦邦的话：“你不能胜任。”

原一平惊呆了，好半天才回过神来，结结巴巴地问：“何……以见得？”

主考官轻蔑地说：“老实对你说吧，推销保险非常困难，你根本不是干这个的料。”

原一平被激怒了，他头一抬：“请问进入贵公司，究竟要达到什么样的标准？”

“每人每月完成10000元业绩。”

“每个人都能完成这个数字？”

“当然。”

原一平不服输的劲儿上来了，他一赌气：“既然这样，我也能做到10000元。”

主考官轻蔑地瞪了原一平一眼，发出一阵冷笑。

原一平“斗胆”许下了每月推销10000元的诺言，但并未得到主考官的青睐，勉强当了一名“见习推销员”。没有办公桌，没有薪水，还常被老推销员当“听差”使唤。在最初成为推销员的七个月里，他连一分钱的保险也没拉到，当然也就拿不到分文薪水。为了节省开支，他过的是苦行僧式的生活：为了省钱，可以不吃中午饭；为了省钱，可以不搭公共汽车；为了省钱，可以租小得不能再小的房间容身。

原一平身高不到1.60米，长得又非常普通，这些不足之处影响了他在客户心目中的形象，最初他的推销业绩非常不理想。原一平后来想：我的确比别人存在一些劣势，那就让勤奋来使它们得到弥补吧。为了实现他争第一的梦想，原一平全力以赴地工作。早上5点钟睁开眼后，立即开始一天的活动：每天6点半打电话到客户家中，最后把访问时间确定好；7点钟吃早饭，与妻子商谈工作；8点钟到公司去上班；9点钟出去推销；下午6点钟下班回家；晚上8点钟开始读书、反省，安排好新方案；11点钟准时就寝。这就是原一平最典型的一天生活，从早到晚不间断地工作，及时做完该做的事，从而摘取了日本保险史上的“销售之王”的桂冠。

纵观原一平50年的推销生涯，可以说是一连串的成功与挫折构成的，他成功的背后，是对工作的勤奋。在他看来，自己并不比别人聪明，但可以比别人多付出辛苦，用勤奋的工作来弥补自身的不足，取得超出别人的业绩。

原一平的故事让我们明白，只要你勤奋，就能干好任何工作。因此，不管你现在所从事的是何种工作，无论你是建筑工地上的一名工人，还是办公室里的一名普通职员，一旦你勤勤恳恳地努力工作，你就是成功的，你就能获得老板的认可。

勤奋工作出效率，身为员工，我们要想迅速获得老板的赏识，最好的方法是尽可能地提高工作效率。在着手工作之前，首先应考虑的是如何用最简单、最省力的方法去获得最佳的效果。而勤奋是保持高效率的前提，只有勤恳踏实，认真对待工作，才能发挥才能与潜质，在短时间内创造出更多的价值。

汉夫雷·戴维是英国皇家学会会员，1813年被选为法国科学院院士，1820年任英国皇家学会主席，1826年被封为爵士。

汉夫雷·戴维是靠着勤奋，才获得这些成就的。他出身贫寒，受家庭经济条件限制，他接受教育和获得科学知识的机会都很有限，然而，他就是靠着一股勤奋刻苦的精神，一步步地追求着自己的梦想。

他酷爱科学，他在药店工作时，因为没有钱做试验，就把旧的平底锅、烧水壶和各种各样的瓶子作为试验器材，锲而不舍地追求着科学和真理。后来，他以电化学创始人的身份出任英国皇家学会会长。

戴维从一个贫苦的孩子成为后来的英国皇家学会会长，并不是依靠什么运气，而是凭着勤奋工作的态度，一步步成长起来。

勤奋是保持高效率的前提，我们只有勤恳踏实，认真对待工作，才能发挥才能与潜质，在短时间内创造出更多的价值。优秀的员工往往面对微薄的薪水、辛苦的工作却百折不挠、积极主动、充满热忱，不计较比别人多付出，最终会做出成绩。

无论我们在工作中面对怎样的问题、困境，都不要气馁，只要你努力勤奋，就一定会有所收获。勤奋或许不一定能让你成功，但却能让你得到锻炼，让你想尽一切办法从工作中找到正确的方法。将科学的方法引入工作中，有智慧地工作，从而不断地提高工作效率，避免“折腾”，让你在同等勤奋的情况下取得更突出的成绩。久而久之，你的工作就会取得成效，同时为自己找到努力的方向。

一个人要想成为优秀员工，唯一的途径就是勤奋。在工作中，你首先就要比别人付出更多，因为你平时所获得的任何东西，都是在事先付出的前提下得到的。你在付出时越是慷慨，你得到的回报就越丰厚，这是公平的游戏规则。

身为公司的一员，我们要想比其他同事获得更多，就必须舍得多下功夫，比别人付出更多的辛苦劳动，这样才能在自己所在的企业或部门做出成绩。只有取得大成绩，才能得到上司的嘉奖和赞扬，才能得到更多的提升机会，才能更进一步实现自己的梦想。

5.

勤奋超越忙碌，巧干胜于蛮干

对于公司来说，时间就是金钱，绩效就是生命。工作绩效远比废寝忘食更重要。任何企业都注重员工的工作态度，但更注重员工的工作能力。我们要想获得高绩效，就要以“巧干胜于蛮干，聪明胜于拼命”为工作指导原则。真正的勤奋会超越忙碌，让你用巧干代替蛮干。

惠普前首席执行官高建华曾深有感触地说：“惠普这样的跨国公司不提倡员工们整天努力拼命地工作，而是提倡员工们聪明地工作，希望员工们能在工作中开动脑筋，想出更好的办法解决问题、完成工作，从而提高工作质量和效率。”

有一位知名的物理学教授，睡到半夜醒来，发现自己的实验室里依然灯火通明。他有点儿奇怪，就来到实验室，看到自己的一名学生正在实验台前忙碌着。

教授关心地问道：“怎么这么晚还没休息？你现在做实验，白天都做些什么了呢？”

学生回答：“我白天也在做实验啊！”

教授稍微停顿了一下，说：“勤奋固然很好，但令我好奇的是，你把所有的时间都花在做实验上，用什么时间来思考呢？”

这位自以为好学不倦的学生，将所有的精力放在做实验上，却忽略了思考才是学习的根本，实验的目的只是帮助思考而已，本末倒置。埋头苦干、积极投入的态度固然是好的，然而不懂得如何拿捏，盲目透支精力却是不必要的。

成功者往往会在行动之前深思熟虑，然后再去全力工作。在工作中，不要只知道去做事情，而要经常坐下来想一想。如果你不能让出些时间去思考、制定计划、安排事情的先后顺序，你的工作就会变得无比辛苦，同时你也很难享受聪明地工作带来的收益。

聪明地工作意味着你要学会动脑，用思考代替埋头苦干。如果你一味地忙碌以至于没有时间来思考少花时间和精力的方法，那是得不到事半功倍之效的。事实证明，要获得高绩效，就要明白“巧干胜于蛮干，聪明胜于拼命”的道理。

江勇毕业于一所普通高校，刚进入投资公司时，他看起来才智平平，没有什么特别之处，不过了解他的人都知道，每次进入一个新的单位时，他的发展总比其他员工顺利一些。江勇自己也清楚，有时候，勇气和耐心会比埋头苦干更有效。

从参加工作的第一天的员工会议开始，他就勇于发言，给领导留下了初步印象。当其他新员工埋头苦干，还分不清单位里谁是谁的时候，江勇已经掌握了老员工的大致情况。进入公司不到一年，他就成了办公室的副主任。

从江勇的故事中，我们不难发现，埋头苦干不如巧干。要是没有特殊的专业技能，我们完全可以做一个像江勇那样的有心人。若没有超群的能力，请保持积极的工作态度，这样也能迅速攀登上职业高峰。

工作中，没有一成不变的任务，面对不同的情况，我们要因时因地制宜，做出不同的决策。做事时，需要一种求实的态度和科学的精神，在任何情况下都要按科学规律办事，自觉用理智战胜冲动，用巧干代替蛮干。这才是获得成功的捷径，不能深刻理解这一点，将事倍功半。

巧干是一种分析判断、解决问题和发明创造的能力，是敏锐机智、灵活精明的表现，也是充满活力、随机应变的智慧。知识经济时代就是巧干升值的时代。

很多发明是因为发明者忍受不了日复一日、年复一年的辛苦劳作，他们认为总会有更轻松、更快捷、更简单和更安全的法子，总能找到减轻工作负担的好方法而创造出来的。

在工作上不讲方法，只知道低着头一味蛮干，这是浪费时间和精力。

要想把每一分力气都用在它该用的地方，让每一分努力都有成效，不做无用功，就得为工作找方法。

我们常常看到这样的情景，有些人看起来整天忙忙碌碌，跑来跑去，一副工作很忙、很努力的样子，但是实际上却并没有什么成果。

细心计划自己的工作，才是办事有效率的秘诀。每当一项工作来临时，我们要学会先计划需要多少时间，然后安插在自己的日程表里。因为把重要的事早早地安排好了，所以能够在预定的时间之内将工作做完。而那些做事毫无计划的人，直到最后一分钟还可能没有做好充分的准备。

工作上无论事多事少，都要学会为自己定个计划，然后严格按计划去做。如果你的工作只需一小时做完，便在一小时之内完成它，其余的时间就可以用来做其他的事。本来只需一小时做完的事，却拖延到用了一天才做完，那就得不偿失了。往往感觉工作吃力的真正原因并不是工作多，而是因为没有系统性的计划。

曾经有人问一位非常成功的商人："您是如何做完这许多事的呢?"他回答道："任何事不重复做两次!"他的回答让我们明白，工作需巧干，工作要有计划。一个工作没有计划的人，做事总是兜圈子，重复混乱，自己阻挡自己前进，自己当自己的绊脚石，当然最坏的结果就是把精力耗费在无谓的事上。

熟能生巧，勤奋工作会让我们对自己的每一项工作都了如指掌，从而能掌控工作。在面对多变的环境和更高难度的挑战时，我们会利用对工作的熟悉，打开智慧大门，让好的创意、好的思路一一跃出。这样就提高了工作效率，就会取得更高的成效。

在追求效率和业绩的年代，越来越多的人都认可了一个新的观念，那就是做任何事情都要讲究效率和效益。可如何来获得效率和效益，如何能有好的结果？这就需要找到正确的工作方法了。

美国一位名不见经传的学生，利用他的勤奋和智慧，曾经创造性地解决了旧金山市政当局悬赏1000万美元寻求解决之道的旧金山大桥堵车问题。

旧金山大桥堵车的情况十分严重，但是却迟迟没有得到解决。对此人们经常抱怨不断。

这位学生在提出解决这个困难的建议之前,在将近一个月的时间里,不但细心地观察、缜密地调查,还不辞辛苦,多次到堵车地点实地观察。

多日的勤奋观察和研究,终于启发了他的智慧,最终他找到了的旧金山大桥堵车现象的原因,这个原因不但具有上下班高峰时段的时间性,而且还具有上班时段进城方向发生堵车和下班时段出城方向发生堵车的方向性特征。找到了原因,他开始苦苦寻找解决的方法。

他先追根寻源,找到了同时发生时间性和方向性特征堵车问题的根本原因,就是"郊区市民上下班的车流太大"。最后他创造性地采用可改变"活动车道中间隔栏"的方法,使上班时间进城方向四个车道变为六个车道,出城方向四个车道变为两个车道,下班则反之,这么一来,堵车的问题轻而易举地就解决了。

这位学生的成功,除了得益于掌握科学的研究方法和解决实际问题的能力外,与他勤奋的观察也是分不开的。如果他不反复地到实地观察,不详细了解这个"工作"本身,相信他就很难开启自己的"智慧"。由此可见,在工作中,勤奋能开掘我们的潜力,让我们用好的方法来工作。

一般来说,当我们面对类似的问题时,或许我们想得最多的就是不惜代价再造一座大桥。这一想法若付诸实施需要我们付出相当大的人力和财力,并且也无法预见效果。虽说这是一个解决问题的方法,但是却并非最好的方法。

对于自己的工作而言,勤奋的好处在于,在付出汗水的同时,还会让我们想出更多的好方法。在新的竞争形势下,我们在工作上既要付出汗水,也要付出智慧。用汗水纵然能够取得业绩的进步,但没有融入智慧,工作就难以取得突破。凡是取得卓越成就的人,他们都有着共同的成功经验,那就是:付出汗水的同时,也要付出智慧。

有许多人在工作中总是忙个不停,但是由于工作方法不正确,效率却很低,或许最初上司会因为你的刻苦努力而欣赏你,但是时间长了,工作效果始终不佳,你的努力几乎都是白费。这是一个重视结果胜于重视过程的年代,我们要学会用勤奋来刺激"智慧",也就是说要用合理的方法做事。

我们要想成功，在工作上要学会用勤奋召唤“智慧”，用智慧找到正确的方法。因为成功需要的不仅仅是勤奋，也不单纯与花费的时间、精力成正比，同样需要方法。只有正确的方法才能提高解决问题的效率，才能保证成功。

第七章

把握工作机遇，主动赢得未来

在职场上，机遇是决定我们能否赢得主动、赢得优势、赢得未来的关键。因此，当机会到来时，我们应该毫不犹豫地抓住它、把握它，为未来努力，实现心中的梦想！

1.

把握机遇，主动为未来努力

身在职场上，我们要想在工作中取得成功，除了需要机遇外，还得积极主动。古今中外许多成功者的经验告诉我们，在机遇面前，谁最先迈出第一步，谁就有可能成为第一个得到橄榄，或是第一个吃螃蟹的人，让自己比别人先取得成功。因此，当机会来到面前时，我们应该毫不犹豫地抓住它，把握它，主动为未来努力，去实现自己心中的梦想。

在工作当中，一个人能否牢牢抓住和用好机遇，是决定我们能否赢得主动、赢得优势、赢得未来的关键，把握机遇，沉着应对挑战，会让我们站在更高的起点上。

我们每个人，都有因错过机遇而后悔、惋惜和抱怨的时候。有时候，你明明看见机遇就在那里，可是因为你不够主动，或是条件不够成熟，等你想好再去抓它的时候，它已经无影无踪了；有时候，我们也会暗自思忖，如果早点儿、再积极一点儿、主动一点儿……情况或许就会好些。但事实是，你所乘坐的那趟“幸运”的客船，已经在你犹豫的时候起航了，而下一趟客船还不知道什么时候才来！正如乔治·艾略特写的：“生命之河中灿烂辉煌的时刻从身边匆匆流过，而我们只看到沙砾；天使也曾降临并探访过我们，但他们飞走后我们才恍然大悟。”所以，在机遇来到之时，我们要尽全力把握住机遇，主动为未来努力。

2008 年，中央电视台一位名叫赵普的主持人感动了全国人民，他那健康、清新、亲和的主持风格，牢牢地吸引了电视机前亿万观众的目光。但是没有人知道，这个出色的央视主持人，当年

在成名之前，曾经遭受过怎样的挫折。

当年为了能找到一家接收自己的实习单位，赵普几乎跑遍了整个北京城。那一段时间，他天天抱着电话，不断地通过114电话台查询各个电视台的办公室电话。

功夫不负有心人，几经奔波，赵普终于等来一个机会。当时，正在招聘节目主持人的北京电视台，给了赵普3个月的实习期，但台里只是让他配音，不让上镜。为了把握这次机遇，赵普春节也没有回家，而是买了一张简易床放在办公桌下面，把电视台当成家。

大年初六那天，由于一档节目需要补录外景，但台里一时找不到主持人，于是赵普再次把握住了这次机遇，他主动找到制片人，毛遂自荐做了一回主持。结果他的表现受到了广大观众的认可和好评，就这样，他逐渐走向成功的峰顶。

赵普的故事让我们明白，把握住机遇的能力就是收获成功的能力。也就是说，要想在工作上有所突破，就得把握住机遇，主动为未来努力。比尔·盖茨说："不要坐等未来，否则将会失去自我发展的良好时机。"

要敏锐地发现机遇，牢牢地把握机遇，关键是要有科学的思想方法。很多机遇是潜在的、是可能、是潜力，甚至蕴藏于矛盾、不足、困难、挑战和风险中。因此，没有辩证的思想方法，只囿于一些表面现象，我们就不能发现机遇。在这方面，我们党有着善于从变动的国际局势中抓战略机遇的优良传统。

在职场上，我们要想更快地抵达自己期望的目的，既要有一双洞悉机遇的慧眼，也要在行动上更积极一些。因为未来的成功，需要我们今天努力地付出。当机会到来的时候，我们要立即行动。香港首富李嘉诚说过，在机遇面前，你必须立即行动，这样你就抓住了机会，抓住了商机。

我们的身边，经常会有这样一些人：他们朝气蓬勃，思维敏捷，在公司里最为活跃，只要和公司利益或者团队利益相关的事情，他们就会不遗余力地发表自己的见解、贡献自己的主张，帮助公司制定和安排工作计划；在完成本职工作后，他们总能协助其他人尽快完成工作；他们常常鼓励自己和同伴，提高整个队伍的士气；这些人总是以事为本，以事为先，因为他们是一群最积极主动的人。

一个人能否认清和抓住机遇，既是对智慧的考验，更是对勇气和自信的考验。任何一个成功人士，他们之所以能不断地获得成功，就是因为他们在机遇来临时，总是第一个冲上去；当别人面对机遇茫然无措时，他们已经明白；当别人明白时，他们已经行动；当别人行动时，他们已经成功了。

雄鹰选择蓝天，必将与狂风共舞；海鸥选择大海，必将与风浪共舞；我们选择了一份工作，必将要付出努力，只要坚持不懈地拼搏，一定能走向成功。俗话说：道路是曲折的，但前途是光明的。虽然在创业的路上充满荆棘，但是只要我们能把握住眼前的机遇，主动为未来努力，相信我们总有一天会迎来黎明。

2.

积极行动，机会藏在行动中

在生活中，我们经常听到有这样的言语："不着急，这需要等待机会。""没有机会，怎么成功？"……如果你在做事情时，也这样等待"机会"的话，那么，你将会离成功越来越远。其实，机会并不是机会主义者的专利，而是为积极行动的人而留的。任何机会，都属于积极行动的人。所以，不管做什么，都离不开积极行动，因为所有的机会尽在行动中。

我们每个人都有这样一种心态，要想有收获和成果，就必须等待机会。正因为这样的心态，才导致我们在没看到比较大的机会的时候，总是不想去行动，总觉得这个时候的行动，所能产生的结果还不足够。殊不知"机会尽在行动中"，很多良好的机会，就在你的行动不积极中流失了。

机遇的力量是很神奇的，谁都希望在自己短短的人生路途中得到它

的眷顾，特别是在选择职业的过程中。然而，真正能够抓住机遇的人却很少，因为机遇好比那昙花开放般短暂，稍一耽搁，就会消失。有句话说得好，机会老人会先给你一个可以抓的瓶颈，你没有及时抓住，再摸到的就是抓不住的圆瓶肚了。

要想抓住机会，必须要付诸行动。古人云，机会只垂青于那些早有准备的人。这是很有道理的。英国著名科学家法拉第，是世界上最伟大的物理学家和化学家之一。他出身贫苦，十几岁时靠着打零工生活。虽然他认真钻研了有关电学的论述，具有非凡的才干，但真正助他成功的是英国著名学者戴维。

当年法拉第在得知戴维要来到自己所在的城市做学术讲演时，他立刻行动起来，想尽一切办法弄到几张入场券去听戴维的课，借此次机会与戴维相识。后来在戴维的推荐下，法拉第才在皇家学会实验室当上了助手，开始走上了新的学习和研究的道路。

若不是法拉第在机会面前积极行动，就无法认识戴维，也就更不可能得到戴维的赏识了。正是由于他能在机遇面前积极行动，他才通过这种特殊的机遇成就了自己。

机会对于任何人都是公平的，其实它就在我们身边，我们只有变得积极主动，才能让它为我们的成功铺路。

她，名牌大学毕业，却找不到工作。好不容易找了份戏剧编剧助理的工作，却发现整个公司除了老板只有她一个员工。她累死累活地干了3个月，只拿到一个月的工资，于是辞掉工作，开始游荡，帮人写短剧，写电影，只要按时收到钱就好。前路茫茫，她期待着奇迹发生。

一次机缘巧合，她应聘到电视台一个节目当了编剧。半年后，在一次节目制作时，制作人不知为什么突然大发雷霆，说了句“不录了”就走了。几十个工作人员全愣在那儿不知怎么办，主持人看了看四周，对她说：“下面的我们自己录吧！”

机会只有3秒钟。3秒钟后，她拿起制作人丢下的耳机和麦克风。那一刻，她清楚地对自己说：“这一次如果成功了，就证明你不是一个只会写写小剧本的小编辑，还是一个可以掌控全场的制作人，所以不能出丑！”

慢慢地，她开始做执行制作人。当时，像她那个年纪的女生能做制作人的相当稀少。

几年后，这个小女生成了三度获得金钟奖的王牌制作人，接着一手制作了红极一时的电视剧《流星花园》，被称为“台湾偶像剧之母”。她就是柴智屏。

回首往事，她直爽地说：机会只有3秒。就是在别人丢下耳机和麦克风的时候，你能捡起它。

成功贵在行动，而机会尽在行动中。一个人成功与否，机遇固然重要，但更大原因还在于，他是否能在机遇面前积极行动。

职场就是战场，工作如同战斗。我们要想在竞争激烈的职场上立于不败之地，就必须拥有积极主动的精神，这样才不会让机遇与我们擦肩而过。

英国进化论的奠基者达尔文也是善于利用机遇的人。1831年，海军勘探船“贝格尔”号将进行环球旅行，需要一位自然科学家。达尔文看出这是进行生物考察的大好时机，当即表示愿去，但却遭到了父亲的强烈反对，后来他经过很大的努力，争取到舅父的支持，才达到目的。不难想象，如果失去这次机会，《物种起源》这部巨著也许永远不会问世。

在我们的每一份工作中，都充满了机会，但这些机会是需要我们用立即行动来抓住的。最重要的是，当我们有一个成熟的工作计划时，就得立刻去执行。

美国亚特兰大市，因举办过奥运会而闻名于世，然而，这座城市在举办1996年奥运会之前，其实不过是美国一座很少有人知晓的城市。但是这个伟大的结果最终还是出现了。这要归功于比利·佩恩的伟大勇气与不懈的努力。

当比利最初在1987年产生申办奥运的想法时，就连他的朋友都怀疑他是否丧失了理智。但是他相信的是自己的行动，他坚信最终的结果只有在行动之后才会明确。而在这之前的一切说法，都不过是自己的臆测而已。

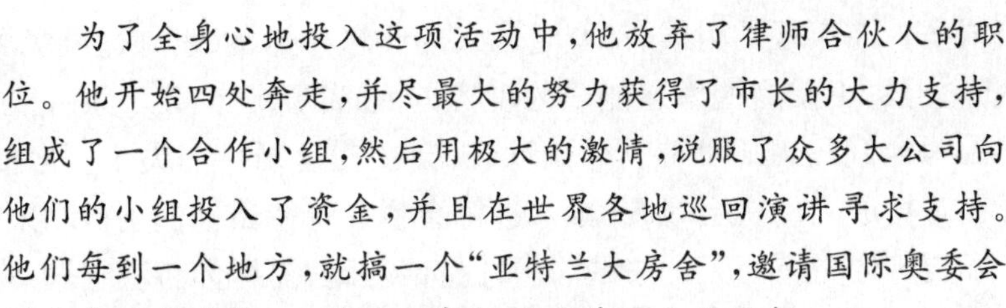

为了全身心地投入这项活动中，他放弃了律师合伙人的职位。他开始四处奔走，并尽最大的努力获得了市长的大力支持，组成了一个合作小组，然后用极大的激情，说服了众多大公司向他们的小组投入了资金，并且在世界各地巡回演讲寻求支持。他们每到一个地方，就搞一个“亚特兰大房舍”，邀请国际奥委会的代表共进晚餐，以增进代表们对亚特兰大的了解。

时间一点点累积，努力也一点点在累积，最终在 1990 年 9 月 18 日，比利·佩恩和他的同伴们的努力与行动赢得了回报，国际奥委会打破传统做法和惯例，将 1996 年奥运会的主办权，交给了第一次提出申请的美国城市亚特兰大。

比利曾这么说道：“我一直都有这样的观点，我不喜欢周围消极的人，我们不需要有人经常提醒我们成功的可能性不大，我们需要那些积极向我们提供策略和解决问题方法的人。我们最终实际上是靠自己来做事，并且我们有意识地做出决定，要从自己的失败中学习经验教训。”

比利和他的团队之所以取得这样的成功，就是因为他们明白这样一个道理：无论是怎么样的结果，都只有在真正行动之后才会出现。因为他们明白，机遇尽在行动中。这是任何人，特别是一个公司员工，在面对自己从来没有做过的工作时，应该牢记的一点。只有这样，你才会积累起真正的勇气去面对一切困难，从而获得在别人或者自己看来都是不可能的一切。

“机会尽在行动中！”这句话是最惊人的自动启动器。当你感到懒惰的恶习正悄悄靠近时，或当此恶习已迅速缠上你使你动弹不得时，你都需要用这句话来提醒自己，让自己在一分钟之内行动起来。

无论什么时候，我们都要明白，机遇和时间一样，一旦消逝，就永不会回来。我们都应该想想自己的生命大约还剩下多少时间，立即行动，提升工作效率，从而给自己争取更多的成功机会。

我们一定要记住，在工作中一旦制订了目标，就必须立刻付诸实践。再美好、再容易实现的目标，如果不从现在开始努力，不动手去做，就决不可能变成现实。

很多人在年轻的时候，都有过远大的理想和抱负，也有过很多次成功的机会，但真正使这些理想能成为现实的人，却只是少数。原因很简单，就是因为他们只想却没有立刻行动，机会便在迟疑中消失了。当他们一直都在等待成功的机会时，却不知道机会也在等待着他们用行动来召唤。

不要等你觉得万无一失的时候才付诸行动，那样你将注定一事无成；不要等你觉得时间充裕的时候才付诸行动，那样你也将注定一事无成。因为“机会尽在行动”中，只要你在工作中养成立即行动的习惯，成功的机会遍地都是。

生活如棋，要想赢得人生的精彩，就必须多一些主动的出击，少一些消极的退缩。只有掌握主动，才能变劣势为优势；只有掌握主动，才能让自己赢在最后，笑在最后。

3.

主动工作，用行动收获一切

在职场上，主动工作是一种特别的行动气质，也就是自己知道做有价值的事，避免被琐事干扰，不用别人催促，这对自己和工作都是一种负责的主动态度。心动不如行动，行动要靠主动。我们要想在工作上取得成就，就得主动工作，用行动收获一切。

查尔斯·狄更斯曾经说过，在工作中，做个幸福的主动者，你收获的不仅有工作提升后的成就感，还有人生的优越感。由此可见，一个人要想在工作中感受到幸福，就得学会主动工作。

有人说，做任何一件事情，只要开始行动，就已经获得了一半的成功。演讲大师齐格勒提醒我们，世界上牵引力最大的火车头停在铁轨上，为了防滑，只需在它 8 个驱动轮前面，塞一块一英寸见方的木块，这个庞然大

物就无法动弹。然而，一旦这只巨型火车头启动，这小小的木块就再也挡不住它了；当它的时速达到100英里时，一堵5米厚的钢筋混凝土墙，也会轻而易举地被它撞穿。

从一块小木块令火车头无法动弹，到火车头能撞穿一堵钢筋水泥墙，足可以证明，火车头一旦开头威力会变得多么巨大。

其实，我们每个人和火车头一样，只要行动起来，威力同样会变得巨大无比，许多令人难以想象的障碍，也会被我们轻松突破，当然前提是行动起来。不然，你就像停在铁轨上的火车头，连一块小木块也无法推开。

亚历山大大帝在进军亚细亚之前，决定破解一个著名的预言。这个预言说的是，谁能够将朱庇特神庙的一串复杂的绳结打开，谁就能够成为亚细亚的帝王。

在亚历山大大帝破解这个预言之前，这个绳结已经难倒了许多国家的智者和国王。由于这个绳结的神秘性，导致了一个可怕的恶性循环，打不开绳结，会严重影响军队的士气，军队没有了士气，失败也将成为必然的事实。

亚历山大大帝在仔细观察了这个结后，发现果然是天衣无缝，确实找不到任何绳头。这时，他脑中灵光一闪："为什么不用自己的行动，来打开这个绳结呢?!"

亚历山大大帝想到这里，毫不犹豫地拔出剑，对着绳结一挥，就把绳结一劈两半，于是，这个保留了百年的难题就这样轻易地解决了。

亚历山大大帝勇于行动，一心奔赴目标，不墨守成规，显示了非常的智慧和勇气，注定能成就亚细亚帝王的伟业。

在亚历山大大帝之前，不知道有多少英雄豪杰，在面对这复杂的绳索时，都像亚历山大大帝一样，在心里想过用同样的方法来解决。只不过他们想过后，并没有付诸行动，让成功和自己失之交臂。

立刻行动是实现目标的最重要的条件。但还有一种情况，当你无法确定自己目标的时候，也应该立刻行动，而不是坐在书桌前冥思苦想。

"没有机会，我怎么行动?"这句话几乎成为失败者最常用的托辞，有志气的人是不会这样怨天尤人的。他们在做事前密切观察留意机会，在工作过程中则尽可能利用一切可以利用的时机，他们不等待机会，他们会创造机会。

事实上，我们经常看到，无论是在职业的选择中，还是在工作和劳动中，很多成功往往青睐于那些身处逆境的人，他们没有良好的条件，没有捷径可走，也不乞求外在机会的垂青，所以，他们的付出最实在，他们所得到的机遇也就最多。我们在职业选择过程中，必须充分认识到这一点，自觉而顽强地为自己创造机会。

远古时期，有两个朋友，相伴一起去遥远的地方，寻找人生的幸福和快乐。他们一路上风餐露宿，在即将到达目的地的时候，遇到了一条风急浪高的大河，而河的彼岸就是幸福和快乐的天堂。

关于如何渡过这条河，他们各有不同的意见，一个建议采伐附近的树木，造一条木船渡过河去；另一个则认为，无论哪种办法都不可能渡过这条河，与其自寻烦恼和死路，不如等这条河干了，再轻轻松松地走过去。

于是，建议造船的人每天砍伐树木，辛苦而积极地制造船只，与此同时还学会了游泳；而另一个则每天躺下休息睡觉，然后到河边观察河水流干了没有。直到有一天，已经造好船的人，准备坐上自己的船扬帆出海时，另一个人还在讥笑他的愚蠢。

不过，造船的人并不生气，临走前，他只对朋友说了一句话：“去做每一件事，不一定都能成功，但不去做，则一定没有机会得到成功！”

能想到等到河水流干了再过河，这确实是一个“伟大”的创意，可惜的是，这却是个注定永远失败的“伟大”创意而已。

这条大河终究没有干枯，而那位造船的人在经过一番风浪后，最终到达了彼岸，这两人后来在这条河的两个岸边定居了下来，河两岸便有了两种生活状态完全不同的人群。

河的这一边叫幸福和快乐的沃土，生活着一群勤奋和勇敢的人；河的另一边叫失败和失落的原地，生活着一群懒惰和懦弱的人。

这个故事告诉我们，在困难面前主动一些，你的行动会助你收获一切。不管前进的路上有多少坎坷，你除了认真思考外，还要立即行动起来。像故事中的那个造船的人一样，没有条件，要创造条件；没有时间，要挤出时间。总之，你一旦行动起来，就有成功的可能。

立即行动起来，会让你在行动中不断修正自己的计划，你并没有改变自己原来的目标，只是选择了另一条道路而已，目的地是没有变的。对工作的态度，也是如此，不要犹豫和等待，要立即行动。没有任何困难会因为你回避它而自动消失，没有任何烦恼会因为你不去想而烟消云散。你没有别的选择，只能去面对，只能去迎接任何挑战。记住，世界是属于那些善于思考，也善于行动的人的。

在工作中，只有当你率先行动、真诚地为公司提供真正有用的服务时，成功才会伴随而来。而每一个老板也都在寻找能够在工作中率先行动的人，并以他们的表现来给予他们相应的回报。所以，好员工都明白一个道理：与其被动地服从，不如率先行动。

失败者和成功者的差别不在别处，就在于“心动”与“行动”。你是否有“心动”的想法，你是否将心动的想法付诸行动了，这是你梦想能否成真、事业能否成功的最重要的因素。

在工作中率先行动，就是听到了想到了，马上就能做到。具有了这种行动力，你就会抢占成功的先机。有句话叫“心想事成”，这句话本身没有错，但是很多人只是把想法搁置在空想的世界中，而不落实到具体的行动中，因此常常是竹篮子打水一场空。当然，也有一些人是想得多干得少，这种人比那些纯粹的“心理专家”要强一些，但通常他们也很难取得成功。

行动是一个敢于改变自我、拯救自我的标志，是一个人能力有多大的证明。在工作中行动起来，不但会让你为公司创造丰厚的业绩，还会让你在出色的工作中成就自己的事业。

敢于梦想，勇于梦想，这个世界永远属于追梦的人。心动的想法更需要用行动来实现，而行动也是要靠心动的想法、策略指引。只有把这两者完美结合，我们才能抢占成功的先机。

4. 自动自发，为未来争取机会

在竞争激烈的职场上，我们要想为未来争取机会，就得在工作上自动自发。因为任何成功，都属于那些主动出击、善于创造机会和把握机会的人，这样才有可能从平淡无奇的生活中找到机会，用积极的行动改变自己的处境，使自己的人生之船到达理想的彼岸。

自动自发本身就是一种可贵的品质，这需要有职业化、专业化水平，遵守职业道德，增强职业素养，提高职业技能。具体包括：讲诚信，讲奉献，低调做人，高调做事；处处以职业化的要求来对待工作，按时保质保量完成领导交付的各项工作；利用一切业余时间学习专业知识，提高自己的专业水平，为今后的发展奠定良好的基础。

在工作中自动自发，不但会让我们成为工作的主人，还能让我们随时准备把握机会，展现超出公司、老板要求的工作能力；在工作中自动自发，会让我们拥有"为了完成任务，必要时不惜打破成规"的智慧和判断力；在工作中自动自发，不但能让我们更好地完成任务，而且还会为未来争取机会。

冯英毕业于名校，在一个大公司当总经理助理，因为刚参加工作，经验不足，他的薪水很低。

总经理是业内的成功人士，除了忙工作外，还经常到各个公司或企业演讲。后来随着总经理的名气日益增大，每天都有很多的读者给他写信，而这件事并未引起总经理的注意。或许是因为忙吧，他总是让冯英帮着他处理这些小事情。同时又对冯英说："你可以有选择性地给读者回信，否则，我自己回复就太累了。”

从那天起，冯英便开始在晚饭后回到办公室继续工作，不计报酬地干一些并非自己分内的工作——替总经理给读者回信。

在回信前，他曾经精心研究过总经理的语言风格，以使得这些回信看上去出自总经理之手。那时，他经常在下班后坚守在自己的岗位上，在没有任何报酬的情况下，依然用心工作。功夫不负有心人，几个月后，他终于能写出一手和总经理的风格相差无几的文章了。

有将近一年的时间，他一直坚持替总经理给读者回信，并不在意总经理是否注意到自己的努力。有时为了让每一位来信的读者都得到回应，冯英会通宵加班，但这些额外的工作，他从来不向人提起。

终于有一天，总经理的秘书辞职了，在挑选合适人选时，总经理自然而然地想到了冯英。

成为总经理的助理兼秘书后，冯英的工作兴致更高了，经常主动帮着总经理写演讲稿。当总经理因为事务脱不开身时，也会他帮着接待客户。经常和文字打交道，冯英的口才得到提升，也大大提高了与人沟通的能力。渐渐地，他出色的交际能力开始引起更多人的关注，其他公司纷纷提供更好的职位邀他加盟。为了挽留他，总经理多次给他加薪，最终他的薪水比最初当一名普通的总经理助理时的薪水高出了将近五倍。

这就是在工作中自动自发的好处，它不但让冯英能够轻松地驾驭自己的工作，还让他不断地得到提升，为未来取得更高的职位争取了机会，最终让他依靠自己的实力在职场站稳了脚。

在工作中，拥有自动自发的精神，会让我们主动去做老板没有交待的事情，并把这些事情做好，这样才能提升自己在老板心目中的地位，有机会被提升到更高的职位，获得更大的成功。

不要总等着老板分配任务给自己，自动自发地工作才能有更多的机遇。这就像一群叽叽喳喳等待老麻雀喂食的小麻雀，如果小麻雀不主动张开嘴巴，那么，虫子就会落入其他主动张开嘴的小麻雀嘴里，自己吃到食物的机会也就失去了。工作也是如此，只有主动去做，才能有更多的机会。

秦小文毕业后，在一家规模不大的私企工作，公司规模小，他平时工作也不忙，主要负责整理材料、登记文件、接听电话等工作。

刚上班的时候他感觉很清闲，一般都是老板吩咐他做什么，他才去做，老板不吩咐时，他就乐得悠闲自在。三个月过去了，随着对工作程序的日渐熟悉，做起工作来更是得心应手。每天都能把老板吩咐的工作早早做完。在没有什么事情可做的情况下，他就待在办公室里上网、聊天。

日子长了，秦小文觉得这样下去不是个事，不但自己觉得无聊，而且自己毫无收获。于是，他决定改变这种无聊的工作现状。

他觉得，要想让自己在工作中忙得有意义，除了把老板吩咐的工作做完外，还要主动地寻找工作来做。

说做就做。他决定先到市场部找活儿干。由于市场部刚成立，那几个员工都是刚来的，对工作都不熟悉，总是忙得不可开交，他就想帮他们分担一些。可因为他来公司时间也不长，也不熟悉某些工作的程序及操作流程，很多东西都不会，就连发传真这么简单的活，他都不太会，更不用说帮助同事做其他的事情了。

为了能帮助同事，他决定在工作中学习。在工作中边学边做，是进步最快的。之后，他每次做完自己手头的工作，就主动去市场部帮同事做事，有不懂的，就问。渐渐地，他越来越熟悉这里的工作，时间长了，竟然成了同事们离不开的人。

从此以后，他一上班就问老板，有什么事情可以帮忙的，如果老板说没有，他就会主动提出帮市场部的同事工作。每天都忙得很开心。

有时他还会主动向同事请教：如何使用传真机、如何用专门的数据库统计数据、如何在电脑上制作表格及绘图等。就这样，

秦小文很快对公司的整体运作情况，有了一定的了解，同时也学到了不少知识。工作两年后，他就被公司调到了管理部门。

秦小文能在短短两年时间中，成长为一名优秀的中层管理者，是因为他在工作中有自动自发的精神，才让他争取到了升迁的机会。由此可见，我们要想在职场中更好的生存，最重要的就是机会。没有机会，再有能力的千里马也难免被淹没在碌碌马群之中。没有一种成功会自动送上门来，任何机会都需要主动争取。学习如此，幸福如此，财富如此，健康如此，工作也如此。

纵观世界上那些成功者最初的经历，我们会发现，他们并不是特别聪明能干的人，而是在工作中能做到自动自发的人。正是对工作自动自发的精神，才让他们从小处着手，从最卑微的工作开始，认认真真，踏踏实地做好工作中的每一件事情，最终让自己取得了未来的成功。

有句话说得对，如果你想有好的人际关系，你就必须选择主动问候；如果你想受人欢迎，你就必须主动承担责任；如果你想有机会晋升，你就必须主动争取任务；如果你想要在工作中取得成就，你就必须在工作中自动自发。

在职场上，有两种人是永远都得不到提升的。一种人不肯听命行事，另一种人只肯听命行事。第一种人，他们被告知过很多次后，还非常不情愿地去做事情。另一种人，你告诉他怎么做，他就怎么做；你要他什么时候做，他就什么时候做。

我们要有把工作做好的强烈欲望，这种欲望能帮你克服面临的困难，是你成功的动力。无论事情多简单还是多复杂，是自己感兴趣的还是不感兴趣的，我们都应该主动地寻求解决的方法。现代社会，很多人都处于茫然之中，他们每天茫然地上班、下班，被动地应付工作，不肯将自己全部的热情和智慧投入工作，因而也不可能在职业生涯上取得更好的发展。

自动自发是我们成功的必备条件。因为只有积极主动地把工作做好，才不会与机会失之交臂，才能获得成功的青睐，达到胜利的彼岸。

5. 敢于挑战，把不可能的工作做好

当今时代，我们要想有一番作为，就得敢于挑战，这样才能让自己把“不可能”的工作做好。

在工作上敢于挑战，是我们把工作做好的最好行动。西方有句名言：“思想决定命运。”不敢向有难度的工作挑战，就是画地为牢，自我设限。这种思想最终会让自己无限的潜能转化为被抛上沙滩的鱼，在徒劳无益的挣扎过后干涸而死。

美国钢铁大王安德鲁·卡内基在描述他心目中的优秀员工时说：“我们所急需的人才，不是那些有着多么高贵的血统或者多么高学历的人，而是那些有着钢铁般坚定的意志，勇于向工作中的‘不可能’挑战的人。”

敢于挑战“不可能”需有大志，然而大志决不等于心浮气躁。现代有些人心气浮躁，总想在一夜之间成功，或者认为只有找到好工作才能实现大志。如果你这么想，那就大错特错了。古往今来，有许多成功者，都是从最平凡的岗位上做起的。他们之所以能成功，最主要的一点就是勇于挑战工作中的“不可能”，经过努力，他们把所有的“不可能”变成了可能。

其实，很多看似“不可能”的任务、困难只是被人为地夸大了。当你冷静分析、耐心梳理，把它“普通化”后，常常可以想出很多有条理的解决方案。

因此，当我们接手一项颇具挑战性的任务时，要立刻行动起来。很多事情并不像你想的那样困难，你可能会很顺利地就做完了。即使第一次没做好，你也不要被恐惧吓倒，要依然保持积极的行动。你可以认真分析问题的关键所在，看看自己做的是否符合上司、老板和公司的要求，如果你找不出解决问题的方法，可以与同事讨论或向上司请教，获取他们的支持和帮助，然后再去做。

他出生在南非，却是个地地道道的中国人。当年父辈为躲避日军屠杀，举家远迁南非。受父亲影响，他从小立志当医生。23 岁时，他获得金山大学医学博士学位，并凭借在全校第四名的优异成绩，如愿以偿地进入南非最好的医院——约翰内斯堡综合医院，成为在这家医院史上第一位非白人医生。

只因为黑头发、黑眼睛，在白人统治的医院他备受排挤，薪水仅是白人同事的一半，甚至有些白人病号拒绝接受他的诊治。有一次，一位重症患者高烧不退，全院上下束手无策，他却很快找到了病因，并使病人的体温恢复正常。之后这位白人逢人便说："那位中国医生真是好样的！"

为了寻求更大的发展，1977 年，他前往加拿大哥伦比亚大学附属综合医院工作。可是，在这个人才济济的医院里，他的华人身份同样受到歧视。一位教授甚至打赌：如果他能把病人体内两个柚子大小的肿瘤完好无损地切除，就送给他一张昂贵的核桃木桌子。

经过精心准备，他把貌似不可能的手术做得漂亮干净，不但赢得了核桃木桌，更赢得了华人的尊严。

1980 年，他转往美国加州大学洛杉矶分校医学院，致力于糖尿病研究。当时，通过胰腺细胞的移植治疗糖尿病，是业界公认不可能攻克的技术难题。但是，他却不畏艰难，潜心钻研，最终完成该校第一例胰腺细胞移植，成功挽救了一名糖尿病女患者的生命，在业界引起了轰动。

为了将自己的研究成果转化为商品，让更多的人获益，1991 年，他开办了一家糖尿病药品公司，从一名外科医生转变为一位企业家。

商业的成功让他一夜成名，但他并没有因此停止追求的步伐。不久，他又向更高的目标——新型抗癌药品的研发迈进。当时，泰素是全球最畅销的治癌药物，但药效低、副作用大。能不能研究出一种比泰素更好的治癌药物呢？许多人都认为不可能。

他决定试一试，于是全身心投入到新的技术难题中去。十年攻关，他运用纳米技术，把活性成分紫杉醇和只有红细胞1%大小的纳米白蛋白颗粒结合在一起，终于成功研究出无溶剂型抗癌药——紫杉醇纳米制剂。

这种药比泰素疗效高出一倍，副作用更小。2005年经美国食品和药品管理局批准，紫杉醇纳米制剂被广泛用于治疗乳腺肿瘤。这是全球首个获批的无溶剂型紫杉类化疗药物。现在已售往全球五十多个国家和地区，公司也在纳斯达克成功上市。

他就是陈颂雄，集外科医生、科学家、企业家于一身的华裔生物制药大亨，一位把无数不可能变为现实的传奇人物，2011年福布斯美国富豪排行榜华人首富。

陈颂雄的创富神话告诉我们，拥有敢于向“不可能”挑战的精神，才是获得成功的基础。在职场上也是同样的道理，我们要敢于向“不可能”的任务挑战，这一点，是一个人事业成功的基础。西方有句名言：“思想决定命运。”不敢向高难度的工作挑战，是对自己的潜能画地为牢，最终只能使自己无限的潜能化为有限的成就。

当然，敢于向“不可能”的任务挑战的“职场勇士”和事事求安稳的“职场懦夫”在老板心目中的地位也是截然不同的。

渴望成功，渴望与老板拉近距离，是大多数职场人士的心声。如果你也在其中，那么当一件人人看似“不可能完成”的艰难任务摆在面前时，就不要抱着“避之唯恐不及”的态度，更不要花过多的时间去设想最糟糕的结局，不断重复“根本不能完成”的念头——这等于在预演失败。就像一个高尔夫球员，不停地嘱咐自己“不要把球击入水中”时，他脑子里将出现球掉进水中的影像。试想，在这种心理状态下，击打出的球会往哪里飞呢？

最值得一提的是，要想从根本上克服这种无知的障碍，走出“不可能”这一自我否定的阴影，跻身老板认可之列，你就必须有充分的自信。相信自己，用信心支撑自己完成这个在别人眼中不可能完成的任务。当老板交给你一项有些难度的任务时，如果你推诿说它大概“不能完成”，可以想象老板对你有多么失望。在老板眼中，优秀员工是富有向“不可能完成”的工作挑战精神的员工。

叶强毕业后进入一家知名的广告公司，在实习阶段，工作强度大得超乎叶强的想象。夏季最酷热的时候，正好赶上公司举办的几次大型公关活动。那段日子里，叶强天天晚上都要加班到十一二点，而且十几天连轴转。无论是体力还是脑力支出，都已经接近了人的极限，几乎达到了崩溃的边缘。

但是，通过这一段时间的锻炼，叶强感到收获颇多。虽然留了不少汗，承担的责任更多了，自己的能力却得到了提高，内心也更坚强了。

叶强的职场经历告诉我们，工作并不是越简单越好，那些难度大、富有挑战性的工作往往使我们得到更多有益的东西。

当领导将最困难、最有挑战性的工作交与你时，这恰恰是他对你最大的信任。正因为领导看好你，所以才有这样的安排。如果你能领会到领导的这番良苦用心，就应该全力以赴，投入极大的热情，以优异的成绩回馈领导的信任，不辜负领导的期望，领导自然会对你格外看重。

当你完成了一件"不可能完成"的任务时，领导肯定会对你的工作能力留下深刻的印象。当你完成的高难度工作越来越多时，领导会分派给你更多富有挑战性的工作。如果你把任务完成得很好，那你的能力自然会赢得领导的认可，必然会在领导心里的天平上增加自己的砝码。

人的潜力是无穷的，要时时告诉自己一定能够完成。如果任务确实有难度，你还可以将它细分成容易执行的几个小任务，各个击破，一步一步地完成。当你始终处于行动的状态中时，你就不会感到恐惧的存在，因为任务的难度已经在你的积极行动中降低了。

即使挑战之后没有让"不可能完成"的任务变成被完成的现实，也不要沮丧、失望。聪明睿智的老板一定不会只看结果，他在决定你是否应该被委以重任时，还会观察你是否具有勇于挑战的工作态度和勤于思考的工作作风。他比任何人都明白，没有任何一种挑战会有马到成功的必然性。同时，你挑战"不可能"的任务时所经历的、所得到的，都是那些胆怯观望者们永远也不可能得到的，而这些正是帮助你走向成功的资本。

6.认定目标,全力以赴去工作

美国成功学家拿破仑·希尔在《一年致富》中有这样一句名言:一切成就的起点是渴望。一个人追求的目标愈高,他的才能发展就愈快。一心向着自己的目标前进的人,整个世界都会给他让路。

希尔认为,所有成功,都必须先确立一个明确的目标,当对目标的追求变成一种执著时,你就会发现所有的行动都会带领你朝着这个目标迈进。目标就是力量,奋斗才会成功。因此,我们要想在工作中成就一番事业,就得确立明确的目标,然后认定目标,全力以赴地去工作。

英国前首相本杰明·迪斯累里原本是一名并不成功的作家,出版数部作品却无一给人留下深刻印象。后来迪斯累里涉足政坛,决心成为英国首相。他克服重重阻力,先后当选议员、下议院主席、高等法院首席法官,直至1868年实现既定目标,成为英国首相。

对于自己的成功,在一次简短的演说中,迪斯累里一言以蔽之:"成功的秘诀在于坚持目标。"

明确而坚定的目标是赢得成功和有所作为的基本前提,因为坚定目标的意义,不仅在于面对种种挫折与困难时能百折不挠,抓住成功的契机,让梦想一步步变为现实,更重要的还在于它能让身处逆境的人产生巨大的奋进激情,使自己的潜能得到最大发掘与释放。

纵观古今中外,凡在智能上有所发展、事业上有所成就的人,无不有着明确而坚定的目标。身在职场,我们要想把工作出色地完成,就得给自己设立可行的目标，并且全力以赴地去实现目标。

成功，需要及早设定目标，更需要努力去实现。当我们定下了自己的目标，就会让自己的每一步行走有方向。为什么有很多人的梦想，会在许多年过去后变成了空想，原因就是没有行动配合。迪斯累里不仅有梦想，更有行动和坚持，并且这个行动持续了很多年，所以他成功了。

任何一个人，如果想实现自己的梦想，或者想让自己在职场中走得更加顺畅，就得给自己确定一个正确的目标，然后坚持不懈地去用行动实现它。假如你的目标很宏伟，也没有关系，你可以在不同的阶段，根据自身的能力设定不同的目标，就像阶梯一样，一级级地往最高的目标攀登。

山田本一是日本著名的马拉松运动员。他曾在 1984 年和 1987 年的国际马拉松比赛中，两次夺得世界冠军。当时，许多记者问他凭什么取得如此惊人的成绩，山田本一总是回答："设定目标，全力以赴去实现。"

许多人对他的回答都不满意，因为我们都知道，马拉松比赛主要是运动员体力和耐力的较量，爆发力、速度和技巧都还在其次。所以，山田本一的回答，让许多人认为他是在故弄玄虚。

直到十多年后的今天，这个谜底才被揭开。山田本一在自传中这样写道："每次比赛之前，我都要乘车把比赛的路线仔细地看一遍，并把沿途比较醒目的标志画下来，比如第一标志是银行，第二标志是一个古怪的大树，第三标志是一座高楼……这样一直画到赛程的终点。比赛开始后，我就以百米的速度奋力地向第一个目标冲去，到达第一个目标后，我又以同样的速度向第二个目标冲去。四十多公里的赛程，被我分解成几个小目标，跑起来就轻松多了。开始我把我的目标定在终点线的旗帜上，结果当我跑完十几公里的时候就疲惫不堪了，因为我被前面那段遥远的路吓到了。"

山田本一的故事让我们明白，要想让自己尽快实现远大目标，就得善于分解目标。也就是说，当我们在制订目标的时候，要有最终目标，比如山田本一想成为世界冠军，更要有明确的绩效目标，比如在某个时间内成绩需要提高多少。

最终目标是宏大的,是引领方向的目标,而绩效目标就是一个个具体的、有明确衡量标准的目标。当目标被清晰地分解后,目标的激励作用就显现了,当我们实现了一个目标后,我们就及时地得到了一个正面激励,这对于培养我们挑战目标的信心的作用是非常巨大的!

在工作中也是同样的道理,我们一旦确立了宏伟的职业目标,就得先根据自己的实力来分解目标,这样才能全力以赴、奋勇拼搏,把工作做到最好。因此,为自己制订适当高远而又合理的职业目标,我们会不断刷新自己的业绩,让自己天天有所行动、有所进步、有所成长。

无论我们从事什么工作,设定目标是我们要强调的一个主题,但是它还没有获得足够的重视。我们要逐步养成每天、每周、每月、每年,甚至为十年以后制定计划的习惯。下面是一些有趣制订目标的方法。这些好主意可以帮助我们踏上追梦的旅程,同时捕获那些对我们同样重要的目标。

(1)找寻目标。首先,思考一下,你想要在你的生活和工作中做出什么样的成绩,把销售额提高到五百万或一千万?写一本书?在一张纸上,写上你想要实现的每一件事。

(2)选取目标。接着,从你罗列出来的目标中,确定一个你最想达成的。这就是你生活中的第一只羚羊,在离你数里的草原上、烈日中闪着光芒。

(3)集中精力。要专注在你的这个目标上。在你的脑海中,尽可能详细地,为你的目标勾勒出一幅清晰的画像。例如,当你达成目标时,你会感觉如何,它会怎样改变你的人生,你爱的人会怎么说?清楚地描绘出当你成功达到目标后的种种感受,把它想得尽可能丰富和具体。因为当你瞄准猎物,并不顾一切地、投入地去追捕时,你需要持续下去的力量,特别是当你遇到困难的时候,这个力量就是热情。为你的热情加油:回想那些你描绘过的情景,把那些达到目标后会得到的好处都罗列在纸上。把每个好处尽可能地写得详细,你写得越详细,热情就越高涨。

(4)排除障碍。如果羚羊那么容易捕获的话,我们也许可以天天吃野味,天天享受达到目标后的喜悦。可是生活并不是那么容易,不是吗?困难总是出现在我们追求目标的路途中,所以现在就要把你想到的困难都写下来。什么会阻挡你捕捉你的猎物?准确地制定出解决这些困难的方法，为你预料的每一个困难制定出一个清晰的策略。这样做不仅可以增强你的自信心，也可以拓宽你的视野。

(5)设定期限。设置一个完成这个目标的期限。想好达到目标前的每一步。首先做什么，花多少时间，下一步做什么，什么时间完成等等。你完成最后一步的时间也就是你完成目标的期限。

(6)另设目标。现在把之前的步骤重复一遍。回到你罗列目标的纸上，找寻更多的猎物，并且在期限内完成它。不要分割你的整体目标。简单地找出一两个主要目标。然后当你完成一个后，再找一个新的来取代。

(7)采取行动。把你的这些目标尽可能简单地制成一张索引卡(或者用软件，随你选择)。做好后，看是否能把它做得更精炼，甚至是更明显和具有强迫性。把这个索引卡放在你随时可以看见的地方。每天看一遍，确保自己每天都在努力朝着目标迈进。

第八章 用业绩证明自己，以不凡的业绩铺就未来的道路

在职场上，我们要想让自己有所作为，就得让老板真正看到自己的能力，而业绩就是最好的证明。只有当你为公司创造出不凡的业绩后，老板才会给你更多的机会，同时你也会找到属于自己的最佳位置。

1. 业绩是能力最好的证明

一个员工要想在众多的同事中脱颖而出，必须要用高于他人的业绩来证明自己的能力，只有能力出众，你才可以引起领导的重视。能力需要行动力，即使你才华横溢，但缺乏工作热情，不积极地将你的能力转换成行动，你永远也不会得到领导的青睐。

作为职场中人，我们必须明白，在任何一个公司或是老板的心目中，最看重的是员工的业绩。因为对于公司来说，业绩的重要性实在是太明显了，公司要发展，就得靠员工创造好业绩；身为员工的我们，要想实现加薪升职，也必须要靠好业绩。如果一个员工每天辛苦工作，却没有业绩，公司自然不能赚钱，那么，老板拿什么给我们发工资呢？

目前，大部分公司实行的是岗位薪酬制，除了一定数额的基本工资，其他的比如奖金、福利等，都完全根据个人工作业绩来决定，业绩高则收入高，否则就只能拿底薪。在销售、保险等行业，其收入几乎完全取决于工作业绩，可以说完全靠个人能力。

公司制定这样的标准，对于员工来说是公平的。因为不管你曾经付出过多少心血、做了多少努力，也不管你学历有多高、工作年限有多长、人品是如何的高尚，如果你拿不出业绩，那么老板就不能白支付你工资。所以，身为公司的员工，我们必须要努力创造业绩，把为老板和企业谋利当作神圣的职责、光荣的使命，努力为公司的发展做出业绩。

身在职场，我们要明白这样一个道理：在任何工作中，业绩都是王道。因为在市场经济环境下，公司要想生存，要想获得长足的发展，就必须不

断地创造价值，而公司价值的获得靠的就是员工的业绩。一个为公司着想的员工，应千方百计、想方设法为公司创造价值。

下面这个故事，就非常形象地告诉我们，为什么业绩对于公司、对于我们这么重要。

有个年轻人非常有才华，求职时却屡次碰壁，一直找不到理想的工作。他觉得自己怀才不遇，失望到了极点。于是他来到海边，准备结束自己的生命。

在他一步步走向大海时，一位路过的老人救了他。老人问他为何要轻生。他说，得不到别人的赏识和重用，生活毫无意义。

老人听完，从沙滩上拾起一粒沙子，让年轻人看了看，然后随手扔在地上，问，“你能把刚才那粒沙子拾起来吗？”

年轻人摇摇头：“这怎么可能？”

老人没说话，从口袋里掏出一颗晶莹润泽的珍珠，也随手扔在了地上，问：“那你能把刚才那颗珍珠拾起来吗？”

“当然可以！”年轻人说。

“现在你该明白了吧！”老人意味深长地说，“如果你想得到别人的欣赏，就要想办法使自己变成一颗珍珠。不过，再璀璨的珍珠，也是由一粒微小的沙子经过不断的磨炼蜕变而成的。现在，你还只是一粒沙子，所以你不能苛求别人立即承认你。”

年轻人听后茅塞顿开，放弃了自杀的念头。从此，他改变了自己的心态，很快，他就找到了一份平凡得不能再平凡的工作——在一家公司做销售员。虽然工作很累，薪酬也不高，但他努力钻研业务知识，虚心学习销售技巧，业绩不断提升，两年后，他成了这家公司的市场部经理。

这个故事让我们懂得，业绩不仅对公司重要，对我们个人来说更重要。能否为公司创造出业绩，是衡量你是沙子还是金子的标准。所以，我们要想让自己成为成堆沙子里的金子，就得在工作中努力拼搏，让自己脱颖而出。

其实,在我们身边,有很多人像这位年轻人一样。他们受过高等教育,有远大的理想和抱负,一直梦想着成就一番大事业。可是,经历告诉他们,虽然理想很丰满,但现实很骨感。他们总也找不到令自己满意的工作环境,也始终找不准自己的人生定位。于是,他们开始失望,开始为失败找借口,什么工作太累、工资太低、同事排挤、领导偏见等等,都成了自己施展才华的绊脚石。而真正的原因他们都没有看见或避而不谈,那就是自己是否真的喜爱这份工作,是否愿意为了这份工作改变自己。

毕竟,好的东西才能更容易让人发现,要想让别人发现自己,你首先得改变自己,把自己变成一颗珍珠。而让自己变成珍珠的最好途径就是,用业绩证明自己的能力,为公司创造更多的价值。当你成为公司里业绩最好的员工时,老板和公司想不重用你都难。

人在职场,无论自己处在什么样的环境下,都要坚信这样一个道理:有业绩,才有发言权。不管你毕业于名牌大学还是普通大学,不管你来自农村还是来自城市,也不管你在哪个公司哪个岗位……大家都是站在同一条起跑线上的人,公司最终认可的不是你的背景,而是你做出的效益与贡献。

一个公司权衡新员工是否有能力,是否能胜任,最主要的就是看他能否为企业带来效益。员工倘若没有能力为公司做贡献,或者无法出色地完成本职工作,是没有资格要求企业给予回馈的,因为这种人恰好是公司打算辞退的。证明自我价值,必须用业绩说话!我们清楚了这一点,就得想尽一切办法来提高自己的业绩。

在职场上,你要想让自己有所作为,就得让老板真正看到你的能力,而业绩,就是最好的证明。你能为公司创造丰厚的业绩,老板才会给你更多的机会,同时你也能找到了属于自己的最佳位置。事实上,领导的眼睛是雪亮的,你的业绩如何,你的能力怎样,你对工作的态度是否热情认真,领导心中都有数。只要你用能力来证明自己,你一定会得到领导的青睐与厚待。

职场中有一句很多人都知道的话:要想不犯错误,那就少工作。其实,无论对谁,风险和收益的大小都是成正比的。风险小的工作,许多人都会去追求,但收益也不会很大;风险大的事情,许多人就会望而却步,蕴藏在其中的利益也就大些。从这个意义上来说,有风险才有收益。可以

说，收益就是对人们所承担的风险的相应补偿。也正因如此，我们要想做出业绩，就必须有冒险精神。

同时，一个人在工作中是否用脑子工作，是其是否聪明工作的一个主要表现。一个人只有认真地思考自己的工作和职责，才能更好地提升自己的绩效，获得团队和上司的认可、尊重。

小余和小吴毕业后，同时被一家汽车销售店聘为销售员。同为新人，两人的表现却大相径庭：小余每天都跟在销售前辈身后，留心记下别人的销售技巧，没有顾客的时候就坐在一边翻看和默记不同车型的配置；而小吴则把心思放在了如何讨好老板上，掐算好时间，每到老板进门时，他都会装模作样地拿起刷子为汽车做清洁。

一年过去了，小余潜心钻研业务终于得到了回报，不仅在新人中销售业绩遥遥领先，在整个公司的业绩排名中也名列前茅，并在年底顺利地被提升为销售顾问。而小吴却因为连续数月业绩不达标而惨遭淘汰。

小余和小吴的职场经历，让我们懂得，员工要想得到上司的重视，业绩这个硬件是千万不能忽视的。无论平时在领导面前把自己包装得多么完美，但关键时刻，业绩才是最能打动老板的心的。

如果你在职场上屡屡遭受打击，总是拿不到你想象中的高工资，那么你不妨自省一下："我的工作业绩是否达到了最理想的水平？"假如答案是否定的，那么你就要努力把你的业绩提上去。因为作为一名员工，只有工作业绩才能最终证明其工作能力，体现出其在公司的价值。

与之相反，如果你没有能力提高自己的业绩或者不能出色地完成本职工作，你不但将失去要求企业给予奖励、加薪的资格，甚至还会因为自己的业绩平平而面临被淘汰的危险。

当然，出色的业绩也并非口头上说说就能轻易做到的，这需要我们在工作的每一个阶段都能够找出更有效率、更经济的方法。

公司是一个以实现经济利益为主要目标的经营实体，必须凭借足够稳固的利润去不断壮大发展，而要发展就需要公司所有员工都积极主动地把自己的全部力量和才智贡献出来,为公司出谋划策,并贯彻实行。事实上,每家公司都是一个战场,是员工努力证实自己业绩的不见硝烟的战场,不管在什么时候什么公司,假如你不能做出实际业绩,终将被当做一枚废弃无用的棋子淘汰出局。而证实自己能力和分量的永恒标准,就是实实在在的工作业绩。

实际上,我们在工作的每一阶段都可以找到更有效率、更经济的解决问题的方法,你必定能尽快提升自己在老板心目中的分量和地位。你将会得到提拔,被委以重任。由于卓尔不凡的工作业绩,已使你变成一位无法替代的核心人物。

在工作中,想办法让自己成为一名"拿业绩说话"的优秀员工。如果你是大区经理、事业群体的经理、各子集团的总经理、子公司的总经理等,就必须进行实实在在的业务运作,充分实现业绩指标,把管理工作做好;如果你是公司的管理层,那就改善团队的工作作风,把各专业的管理指标实现。只有把业务做好了,才能充分体现出作为管理者的价值,上下才会满意;如果你是公司的一名基层员工,除了踏踏实实地做好自己分内工作外,还要利用业余时间来提升自己的工作能力,力求让自己在工作上一天比一天进步,相信不久的将来,你一定会因出色的工作能力,得到公司或老板的重用和提拔。

身在职场,不论你做的是什么工作,最重要的都是有业绩,这不仅是给领导看的,更是给自己看的,因为只有它才能证明你的价值!

2.不凡的业绩都源自忠诚敬业

忠诚是职场人士安身立命的资本,一个对工作忠诚敬业的人,不但会

用不凡的业绩来回报公司，而且还会用这种精神为自己带来意想不到的好处。我们身在职场中的每个人，应该把忠诚作为一种职场敬业精神。

在职场上，一个对工作不忠诚不敬业的人，虽然也能生存，但是他们的精神永远没有什么归属。他们就好像是世界上的游魂，没有办法真正地融入一个家庭、一个团体、一个企业……

职场犹如战场。在当今竞争激烈的年代，忠诚敬业是职场中最应得到重视的美德。只有所有的员工忠诚敬业，才能发挥团队的力量，才能拧成一股绳，劲儿往一处使，推动企业走向成功。一个企业的生存可以依靠少数员工的能力和智慧，但更需要绝大多数员工的敬业和勤奋。

任何企业和老板，在用人时不仅仅看重个人能力，更看重个人品质，而个人品质中最关键的就是忠诚度。在这个世界上，并不缺乏有能力的人，那种既有能力又忠诚的人才是每一个企业渴求的理想人才。人们宁愿信任一个能力差一些却足够敬业的人，而不愿重用一个朝三暮四、对企业不忠诚的人，哪怕他能力非凡。如果你是老板，你肯定也会这样做。

现代管理学普遍认为，老板和员工是一对矛盾的统一体，从表面上看，彼此之间存在着对立性。老板希望减少人员开支，而员工希望获得更多的报酬。但是，在更高的层面上，两者又是和谐统一的。公司需要敬业和有能力的员工，业务才能进行；员工必须依赖公司的业务平台才能获得物质报酬、满足精神需求。所以，对于老板而言，公司的生存和发展需要员工的敬业和忠诚；对于员工来说，丰厚的物质报酬和精神上的成就感也离不开公司的存在。

当你的敬业精神增加一分，别人对你的尊敬也会增加一分。不管你的能力如何，老板会乐意在你身上投资，给你培训的机会，提高你的技能，因为他认为你是值得他信赖和培养的。当公司面临危难的时候，他相信你会和公司同舟共济。

钱之江是一家企业的业务部副经理，刚刚上任不久。他年轻能干，毕业短短两年能够有这样的业绩也算是表现不俗了。然而半年之后，他却悄悄离开了公司，没有人知道他为什么离开。

钱之江在离开公司之后，找到了他关系不错的同事胡明。

在酒吧里，钱之江喝得烂醉，他对胡明说："知道我为什么离开吗？我非常喜欢这份工作，但是我犯了一个错误，我为了获得一点儿小利，失去了作为公司职员最重要的东西。虽然总经理没有追究我的责任，也没有公开我的事情，算是对我的宽容，但我真的很后悔，你千万别犯我这样的低级错误，不值得啊！"

胡明尽管听得不是很明白，但是他知道这一定和钱有关。后来，胡明得知，钱之江在担任业务部副经理时，曾经收过一笔款，业务部经理说可以不入账了："没事儿，大家都这么干，你还年轻，以后多学着点儿。"

钱之江虽然觉得这么做不妥，但是他也没拒绝，半推半就地收了5000美金。当然，业务部经理拿到的更多。没多久，业务部经理就辞职了。后来，总经理发现了这件事，钱之江不能在公司待下去了。

胡明看着钱之江落寞的神情，知道钱之江一定很后悔，但是有些东西失去了是很难再找回来的。钱之江失去的是对公司的忠诚，他还能奢望公司再相信他吗？没有公司的信任，他又如何在工作中发挥自己的才干呢？

尽管钱之江有才华，工作能力强，但因为对公司不忠诚，即使他再出色，仍然会被公司抛弃的。由此可见，对公司忠诚，才能对自己的工作敬业。

现在职场中有一些人对企业没有忠诚，在他们身上利益成为压倒一切的需求，但是，如果你能仔细地反省一下自己的话，就会发现，为了所谓的那点儿个人利益而放弃对公司的忠诚，这将成为你人生和事业中永远都抹不去的污点，你将背负着这样一个十字架生活一辈子。

一个人无论什么原因，只要失去了忠诚，就失去了人们最基本的信任，不要为自己所获得的利益沾沾自喜，其实仔细想想，失去的远比获得的多，而且你所获得的东西可能最终还不属于你。这就好比员工损公肥私、腐败渎职、结党营私、出卖企业机密、损害公司形象、侵占企业财产，这都是我们看得见的不忠诚，也是常常遭到谴责和防范的不忠诚行为。而员工消极怠工、应付工作、不尽其力、把工作当形式、把形式当工作、能干

好而不干好、压制排斥下属的行为，也是对企业不忠诚的隐性表现。这些不忠诚的表现是值得每一个职场中人做自我检视和改正的。

一个对公司不忠诚的员工，是很难在工作中做到敬业的。俗话说，雁过留声，人过留名。上天赐予我们的生活是公平的，我们时刻都在为自己建造生命的归宿，归宿的好坏与我们过去和现在的努力、付出成正比，当下任何一次不负责任，都会在以后的某个地方、某个时间等着我们。只有我们自己提高责任感、使命感和主动性，才能够主动思考，发挥自己的才智，真心为公司着想，提升对公司的忠诚度。

在工作中，我们只有抱着忠诚敬业的精神，才能正确理解“为他人工作的同时也是为了自己的生存”的本质，这会让我们工作起来保持良好心态，能心平气和地做好手中的每一件事，同时获得理想的物质报酬和精神回报，实现自身的价值。总之，既然我们选择了工作，就得有良好的工作心态，有爱岗敬业的责任心，有积极向上的追求，把工作当做一个施展自己才能、实现自我抱负、体现人生价值的舞台！

当我们从事一份工作时，一定要做到“问心无愧”，不管老板如何对你，都不要影响自己对工作的敬业。同时还要明白这样一个道理：老板也是人，也有缺点，也可能因为太主观而无法对你作出客观的判断，这个时候你应该学会自我肯定。只要你竭尽所能，做到问心无愧，你就在不知不觉中提高了自己的能力，争取到了未来事业成功的砝码。

一个人任何时候都应该信守忠诚，这不仅是个人品质问题，也会关系到公司和企业利益。忠诚不仅有道德价值，而且还蕴含着巨大的经济价值和社会价值。一个品性忠诚的员工，能给他人以信赖感，让老板乐于接纳，在赢得老板信任的同时，更为自己的职业生涯带来莫大的益处。与此相应，一个人失去了忠诚，就失去了一切——朋友、客户、工作，因为谁也不愿意与一个不能信赖的人共事、交往。

忠诚是一种职业敬业精神。如果你选择了某一个工作，那就真诚地、负责地干吧。你的事业航船已经扬帆启航！

3. 只有兢兢业业地工作，才有实实在在的业绩

在这个世界上，没有任何一项工作，是不需费力就能做好的。古人说的“有付出才有收获”这句话，是非常适用于我们的工作的。所以，我们要坚信，只有坚持兢兢业业地工作，才会有实实在在的业绩。

约翰·格兰特在一家五金商店工作，他的工资很低。在他刚来商店工作的时候，老板就对他说：“你必须对我们整个生意的所有细节熟门熟路，这样你才能成为一个对我们有用的人。”

和约翰·格兰特同时进商店的人对此不屑一顾，认为这样一份渺小的工作根本不值得认真去做，只要每天把货物堆上货架就行了。于是，那些同事在工作中经常偷懒，能多歇一分钟就多歇一分钟，只是完成老板交待的工作而已。

可是，约翰·格兰特却不这么想，他心里明白，不管多么简单、卑微的工作，只要兢兢业业地干，照样能做得出色，照样能做出业绩来。

就这样，约翰·格兰特在工作中尽心尽力，同时，他一边工作，一边仔细观察老板的工作态度。在他看来，要想把工作做得出色，就得向老板那样兢兢业业地工作。

经过认真观察，年轻的约翰·格兰特注意到，每次老板总要认真检查那些进口商品的账单。由于那些账单使用的都是法文和德文，他为了能胜任此项工作，业余时间开始学习法文和德文，并开始仔细研究那些账单。

一天，他的老板在检查账单时，突然觉得特别劳累，看到这种情况，格兰特在完成自己的工作后，主动要求帮助老板检查账

单。由于他干得实在是太出色了，以后的账单自然就由格兰特接管了。

一年后的一天，他被叫到一间办公室。老板对他说："格兰特，公司打算让你主管外贸。这是一个相当重要的职位，我们需要能胜任的人来主持这项工作。目前，在我们公司有20名与你年龄相仿的年轻人，只有你能在工作中兢兢业业，用实干来取得业绩。"

此后，格兰特的薪水不断上涨，并经常被派驻法国、德国。他的老板评价他时说："约翰·格兰特很有可能在30岁之前成为我们公司的股东。他已经从平凡的外贸主管的工作中看到了这个机遇，并尽量使自己有能力抓住这个机遇，虽然做出了一些牺牲，但这是值得的。"

格兰特老板的预见没错，他最终成了公司最年轻的股东。后来，有人向格兰特询问工作秘诀，格兰特认真地说："任何一项工作，我们要做好，要时刻牢记：只有兢兢业业地工作，才有实实在在的成绩。"

格兰特成功的故事告诉我们：工作没有平凡和低微，只有实干才是硬道理。在他看来，任何工作，只要兢兢业业地去做，才有成绩。

身在职场，要想有所成就，除了要调动自己全部的智慧，全力以赴外，还要勤勤恳恳、兢兢业业地把工作做得比别人更完美。

在工作中，我们要明白，所有正当合法的工作都是值得尊敬的。只要你诚实地劳动和创造、兢兢业业地为公司创造业绩，就没有人能够贬低你的价值，关键在于要在平凡的岗位上做出不平凡的业绩。也许工作的类型多种多样，所需要的技能千差万别，但只要有一颗爱岗敬业的心，不论是什么样的岗位都能取得不凡的成就。

当工作中的小事情被明智而有远见的人发现时，他就能利用这种小事情的价值，充分地体现出自己的大价值。无数事实证明，很多看似无关紧要的小事往往是构想惊天动地的大事的基础。全国劳动模范、共产党员徐虎，在水电修理工的平凡岗位上，长期积极主动地为居民排忧解难，用"辛苦我一人，方便千万家"的精神，诠释了什么叫"兢兢业业地工作"。

作为上海普陀区中山北路房管所的水电修理工，徐虎发现居民下班以后正是用水用电高峰，也是故障高发时段，而水电修理工此时也已下班休息。针对这一问题，1985年，徐虎在他管辖的地区率先挂出三只醒目的"水电急修特约报修箱"，每天晚上七点准时开箱，并立即修理。

从此，晚上七点，成了徐虎生活中最重要的一个时间概念。十多年来，不管刮风下雨、冰冻严寒，还是烈日炎炎，也不管是工作日还是节假日，徐虎总会准时背上工具包，骑上他的那辆旧自行车，直奔这三个报修箱，然后按着报修单上的地址，走了一家又一家。

有一次，徐虎一晚上收到五张报修单。从第四户居民家出来时，已经是晚上十点多了。徐虎想，剩下的那户居民一定还在等待，不能失信。他拖着疲倦的身子，赶到第五户人家，远远地就听到吵闹声。原来，楼层中间的污水总管堵塞了，楼上不知情的居民继续用水，楼下居民家已是"水漫金山"，于是，互相指责、埋怨。徐虎二话没说，立即设法疏通了污水总管。居民们"停战"了，情绪也平静了。他们对徐虎说："没想到这么晚了你还来，真是多亏了你。"这时，徐虎突然感觉到，自己这平凡的社会服务工作，也会关系到社会的安宁。还有许多老年人足不出户，他们从哪儿看到社会风气的好坏呢？自己虽然是个普通维修工，但天天同居民打交道，如果自己能把本职工作干得尽量完美，就会减少群众的抱怨，使他们感受到良好的社会风尚。

在几十年的工作中，他从未失信于他的用户。十年辛苦不寻常，徐虎累计开箱服务三千七百多天，共花费七千四百多个小时，为居民解决夜间水电急修项目2100多个，他被群众誉为"晚上七点钟的太阳"。

小小的"报修箱"受到居民们的热情称赞，徐虎却谦虚地说："我是平凡人，只不过努力做好平凡事。"但是，受到徐虎服务的居民不这么认为。华池路35号居民陈敬泉说："徐虎在平凡的工作中做出不平凡的成绩，这平凡就是伟大。"

那些一开始对徐虎挂箱服务持怀疑态度的人，说风凉话的人，也从中受到了教育，改变了态度。几十年的时间本身就是一种磨炼，徐虎挂在墙上的小木箱已经磨出了本色。

徐虎热爱他的工作。他常常说："只要见到管区内电通明，水不断，家家户户安居乐业，心里就特别高兴。"他把修马桶当做一门学问，兢兢业业，刻苦钻研，用灵巧的双手和高超的技术，让居民少花钱，多办事。为了提高修理质量和降低维修成本，徐虎不断摸索，用8号铁丝做成一种和抽水马桶内部构造相似的钩子，不但提高了修理质量，减轻了劳动强度，而且减少了居民的修理费用。拆马桶率降低了70%～80%，大大提高了维修工作的效率。

徐虎爱岗敬业，十年如一日，在平凡的工作中取得了不平凡的成绩。他两次被评为"上海市劳动模范"，三次被评为"全国劳动模范"，被上海市委、市政府评为"上海市十大先进标兵"。

在很多人看来，要成就一番事业，应该有高起点、高平台，如果岗位一般、环境不佳，那就很难有什么大成就。但徐虎用自己的实际行为告诉我们：只要你兢兢业业地工作，就能在平凡的岗位上取得卓著的成绩，在卑微的事务中孕育出不凡的作为。

无论你的工作多么琐碎，岗位多么平凡，如果你能像徐虎一样热爱自己的岗位，像他一样兢兢业业地工作，那么，你一定会在平凡的工作中做出不平凡的业绩。

"如人饮水，冷暖自知。"在每一个职场人士的背后，相信都有一个不为人知的成长故事，这其中夹杂着人生的酸甜苦辣，成长路上的坎坎坷坷。

带给自己工作乐趣的不是最后达到的终点，而应当是兢兢业业工作的历程。一个演员的快乐来自演戏的过程，正如一个老师能在教学中得到快乐一样，也正如一个待产的母亲，她的快乐不只来自婴儿的诞生，同样来自怀孕过程中的期待。只有对工作敬业，才会有无限乐趣。

如果你有一份工作，那么请你对自己的工作多一份敬业精神吧，那样会让你把工作当做享受并主动去工作。你如果能够在工作中找到乐趣，那么，工作也就成了一种享受，失去了工作，你也就丢失了享受的资本。当一个人进入了这种状态，就没有了上下班的概念，一切都围绕着做好工作转。当一个人的工作与乐趣相重合的时候，他就找到了自己的黄金点，他的价值将会得到最大限度的体现。只有这样，他才真正成了工作的主人。

在生活中，工作几乎占了我们一天中三分之二的时间，是我们人生的重要组成部分。但每个人对工作的定义都不同。把工作当谋生工具的人，每天被动、机械地工作，同时不停地抱怨工作劳碌辛苦、没有任何趣味；而把工作当做事业看待的人，会积极面对每一份平凡的工作、每一个平凡的岗位，执著坚守，不断开拓进取。不是所有的人都可能成为政治或商业领袖，但在平凡的岗位上做出不平凡的业绩，是每一个现代工作者都可能、并且应该做到的。正如管理大师彼得·德鲁克先生所说，伟大的事业是靠很多普通人干出来的。

社会秩序依赖于社会分工的有序，而社会分工又依赖于每个行业的人按照这个行业的职业规范去扮演自己的角色，各司其职，然后才有序。坚定的事业心、兢兢业业工作的精神、敢于和善于创新的精神、持续的热情和斗志、与人分享并合作的境界，永远都是追求不凡作为的重要凭借。或许你今天已经是一个集团公司老板，或许你还在求职路上四处奔走，也或许你是刚刚步入社会的后起之辈，但如果你能带着使命感，兢兢业业地去工作，一定会创造出更加辉煌的人生，结交更美好的明天！

4. 再平凡的岗位也一样可以创造出辉煌的业绩

在工作中，只要我们认真、踏实地对待工作，即使再平凡的岗位，也一样能做出辉煌的成绩。这是因为，世界上任何人想获取成功，都离不开“认真、踏实”，任何人获得的成功，都是从普通工作中做出来的。

在职场上，不管多么普通的工作，如果你认为它普通而不值得你做，那么恐怕这世上就没有你认为值得做的事情了，只有把所谓的“普通”的事情做好，你才有机会和能力做以后的大事，要知道，“不积跬步，无以至千里；不积小流，无以成江海”。

工作是不分等级的，所有正当合法的工作都值得人们为之努力，所有为工作努力的人都值得他人尊敬。再普通的工作，我们只要认真对待，专心去做，也会发现这份工作的不普通之处。

许多年前，美国兴起石油开采热。有一个雄心勃勃的青年，在梦想的驱使下，也来到了采油区。但开始时，他的本职工作是检查石油罐盖是否自动焊接完全，以确保石油被安全地储存。

每天，青年都会上百次地监视着机器的同一套动作。首先是石油罐通过输送带被移送至旋转台上，随后焊接剂自动滴下，沿着盖子回转一周，然后，油罐下线入库。他的任务就是监控这道工序，从清晨到黄昏，检查几百罐石油，每天如此。这是一个非常简单而又枯燥的工作。

青年觉得很不平衡：我那么有创造性，怎么能只做这样的工作？于是便去找主管要求换工作。没料到，主管听完他的话，只冷冷地回答了一句：“你要么好好干，要么另谋出路。”

那一瞬间，他涨红了脸，当时他真想立即辞职不干了，但考虑到一时半会儿也找不到更好的工作，于是只好忍气吞声地又回到了原来的工作岗位。

回家以后，他突然有了一个感觉：“我不是有创造性吗？为何不能在这个普通的岗位上体现我的创造性呢？”

工作了一段时间后，青年人在机器上百次重复的动作中，注意到了一个非常有意思的细节。他发现罐子旋转一次，焊接剂一定会滴落39滴，但总会有那么一两滴起不到作用。他突然想到：如果能将这没起作用的一两滴焊接剂节约下来，这将会节省多少焊接剂呢？

于是，他经过一番研究，研制出了“37滴型”焊接机。开始用这种机器焊接的石油罐存在漏油的问题。但他不灰心，很快又研制出了“38滴型”焊接机，这次的发明既解决了漏油问题，同时每焊接一个石油罐都会为公司节省一滴焊接剂。虽然节省的只是一滴焊接剂，但却给公司带来了每年5亿美元的新利润。

这位青年，就是后来掌控美国石油业的石油大亨——约翰·D·洛克菲勒。

洛克菲勒能够在普通工作中起步，做出那么大的成就，就是因为他对工作的认真和踏实。也正是这种对普通工作的认真态度，让他在工作中获得了成就感与满足感，从而取得了最大程度的成功。

检验一份工作是否完成得好的标准，不是工作本身，而是我们对待工作的认真态度，只有态度端正，才能在工作中实现自己的人生价值，才能够向他人展示自己的成就。工作本身并没有贵贱之分，但是人们对待工作的态度却有高低之别，工作能否做好，关键取决于人的工作态度。一个人轻视自己的工作，实现上就是轻视自己，这样的人一定不会全心全意地为工作努力，更不会热爱自己的工作。

要想在工作中做出成就来，我们就千万不要轻视自己所做的每一项工作，哪怕是一份普通得不能再普通的工作，如果你认真对待它、全力以赴地去做，你也会从中得到许多乐趣，你的人生也会因此而显得格外精彩。

我们在坚持梦想的同时，还要懂得梦想只有在脚踏实地、认认真真的工作中才能得以实现。而脚踏实地、认认真真工作就要从基础做起。哲学上有一句很经典的话，“只有沿着崎岖不平的山路一步一步向上攀登，才有希望到达光辉的顶点”。一个人要取得成功，一个企业要得到发展，必须靠踏实、认真的精神。

然而，生活中，有不少人看不起“踏实、认真”，认为那样离成功太远了，殊不知如果你一味地好高骛远，追求超常规、跳跃式的发展的话，那么你会发现，结局通常都很悲惨。

对工作不踏实、不认真，其实就是一种逃避必要磨炼的行为，该经历的没有经历，该知道的不知道，缺乏锻炼，没有实践经验，结果大事做不成，小事不愿做。因此，我们要想在自己的工作中做出成绩来，就得对工作认真、踏实。这是各行各业职业道德的基本要求，也是成就个人理想的

基本要求。如果一个人连本职工作都不认真对待，那么他就不可能敬业，也不会自觉地去钻研本职业务，这样，他的工作质量和效率也就不可能提高。

许多人在选择工作时，一般都比较喜欢条件好、待遇高、专业性强、较轻松的工作，认为这样很容易做到认真。但如果岗位需要把一个人放在工作环境艰苦、繁重劳累、工作单调、技术含量低、重复性大、甚至还有危险性的工作时，要做到认真就不容易了。在这种情况下，那些能在普通岗位上认真工作的人，其实就是公司真正需要的人。衡量一个人对工作是否认真，就是看无论把他放在哪一个岗位上，他是否都能够兢兢业业、任劳任怨、认认真真地发挥自己的智慧和才干。

生活在这样一个高速发展的社会中，你也许会感到身心疲惫，也许时常会感到烦闷，但是仍然强撑着坚持工作。然而岁月是无情的，随着压力的增加，你会感觉到自己的精力越来越不够，所以，认真对待自己工作的人越来越少。其实，这样做是对自己的放纵，也是对工作不负责任的表现。人活在世上，就要懂得认真工作的重要性。只有对工作认真负责，才是对自己负责、对别人负责的人。

中外那些杰出人士，为什么能在并非自己喜欢的领域里，取得那样辉煌的业绩？答案很简单，他们除了聪颖和勤奋之外，还对自己所从事的工作认真、踏实。只有认真、踏实地对待工作的人，才会让自己全身心投入其中，这是正确与明智的选择。正是他们这种“在其位，谋其政，尽其责，成其事”的高度负责任、认真的态度，才让他们在自己从事的行业中，取得令人瞩目的成功。

我们一旦在工作中注入了“认真和踏实”，那么再普通、平凡的工作，也会回报你非凡的成绩。时间长了，你就会发现，自己越来越喜欢自己的工作，伴着这份喜欢，你就能在自己的工作中收获意想不到的成功。

在我们的一生中，可以没有很大的名望，也可以没有很多的财富，但不可以没有工作的乐趣。工作是人生中不可或缺的一部分。如果从工作中只得到厌倦、紧张和失望，人的一生将会多么痛苦；令自己厌倦的工作即使带来了名和利，这种光彩又是何等的虚浮！

要从工作中得到乐趣，那么首先就得认真对待工作，这样才不会让自己变成工作的奴隶，而是让自己做工作的主人，从而积极主动、快乐地对待工作。无止境地日夜工作正如无止境地追求享乐一样不可取。工作不是为了生存,而是为了给个人的生活赋予意义,给生命赋予光彩。

5. 融入团队,靠合作提升业绩

在工作中,所谓团队,是指一群互助互利,团结一致为统一目标而坚毅奋斗到底的人。团队不仅强调个人的业务成果,更强调整体业绩。团队的业绩是建立在相互讨论研究、信息共享,最后同共决策的基础上的,这些业绩将远远超过个人所做的业绩。

团队靠的是凝聚力,这需要每个成员紧密结合,这样才会发挥无穷的力量。凝聚力的形成需要打消个人独立的自由思想,以团队整体为主体,通过大家的相互交流与沟通产生共同的使命感、归属感和认同感。

团队合作是一种为达到既定目标,所显现出来的自愿合作和协同努力的精神。它可以调动团队成员的积极性和才智,共同为公司的发展做出贡献。身为公司的员工,要想为公司创造更多的业绩,就得融入团队,靠合作的力量提升业绩。

作为团队成员,我们必须尽心、负责,对自己所经手或承办的事尽心、负责,也对团队其他成员诚信、负责。时刻牢记自己是团队的一员,时刻牢记自己的工作关系到整个团队目标的实现与否,关系到其他成员事业的成功与否。

在一个团队中,特别是集团企业,随着知识型员工的增多,每个成员的专长可能都不一样,每个人都可能是某个领域的专家,所以我们身为团队中的一员,不能自恃才高,应该保持足够的谦虚,同时时常检查自己的缺点,不断完善自我。

在公司里，我们在与同事相处时，到底是要时时、处处皆胜人一筹，还是在和谐的氛围中合作互助？实际上，这不仅仅关乎人际关系，更与个人是否具备全局思想与良好的职业素养有着莫大的关系：同事之间总是处于和睦融洽的关系之中，整个团队的氛围健康向上，对你而言，是一件好事，而对于公司的运转也会产生良性的影响。

当公司下达了在内部进行技术竞争的通知以后，广告部的五个同事之间便展开了激烈的竞争。张宁很清楚，这是一次表现自我的最佳机会。之后，她开始凭借着自己丰富的网络知识进入各类广告设计网，对他人的设计创意进行浏览，同时频频地与一些网络设计高手进行交流。

为了保证自己可以超过同事，每一次当他们向自己请教问题时，张宁总是“一问三不知”，而她自己却总是在暗中偷偷学习他人的长处，并在广告部进行公开讨论时将自己独到的见解藏起来，随后再以单独建议的方式向上司进行汇报。

虽然张宁在该次竞争中如此设计，但由于她过分看重私人设计特色，而不懂得与团队分享，最终她的设计产品没有通过审核，而她个人也面临着受排挤的境遇。

张宁在工作中的表现，过于自私。应该说，像她这样的人，工作能力再好，也很难为公司创造更多的业绩。毕竟，一个人的能力是有限的，实现公司的宏伟目标和计划，需要公司全体员工的共同努力。因为一个公司的发展，是建立在所有员工为公司共同创造业绩的基础上的。这就是为什么许多大公司，在招聘员工时，会把“团队意识”列入招聘条件中。

一个狂妄自大的员工很难获得他人的认可，难以融入整个团队。诚信、负责、谦虚的个人品质或许足以赢得他人对你人品的信任，但不足以获得他人对你工作的信任。要获得他人对你工作的信任，还必须具备优秀的专业技能，故团队成员除了应修身养性外，还必须不断学习，提高工作技能，以便更好、更快的实现团队目标。

尺有所短，寸有所长。在这个充满竞争的时代里，想要处处争先一步，便必须重视运用群体的力量。的确，在团队中，想要做好一项工作，起决定作用的往往并非个人的能力，而是各个成员间团结协作、进行良好配合。团结他人，便是提升自我，因为当你展示出了良好的合作意愿后，他人也会心甘情愿地教给你许多有用的知识。

心理学家在进行了一系列的实验之后发现：若两个力的方向一致，那么合力比这两个力加起来更大；若两个力的方向不同，那么合力便会被大大削弱，甚至有可能出现负力。根据这一现实，他们进一步推断出了现实合作的重要性：若一个集团中，每一个人都可以劲儿往一处使，那么最终便会产生大于每个人力量的结果；反之，若大家都一味地敷衍行事，互相推卸责任，那么最终将会一事无成，甚至会造成不必要的损失。

这就如同装在篓里的螃蟹一般，这些螃蟹之所以无法逃出去，就是因为它们总是在窝里斗，根本看不得同伴出头。这便是华盛顿合作定律的精髓所在：合作并非简单的力道相加，要想让合作产生最大的效益，令每个人都赢得相应的回报，那么它便必须在合理、科学、有序的基础上进行，否则一切都将落空。

没有一流的团队，就创造不出一流的业绩。无论对一个企业，还是对一个群体，团队精神都是不可缺少的。团队精神不反对张扬个性，但个性必须与团队的行动一致，要有整体意识、全局观念，考虑团队的需要。它要求团队成员互相帮助，互相照顾，互相配合，为集体的目标共同努力。

古人云：人心齐，泰山移。只有大家紧密团结，具有以团队为核心的奉献精神，为了共同的目标而贡献个人的智慧和才华，相互协作、相互包容，相信这股凝聚的力量将劈波斩浪，助你到达胜利的彼岸。

真正意义上的团队精神，需要有一定的能力为基础，因为团队的目的不是单纯意义上的集结，而是优势资源的整合与发展，一位资深人力资源专家曾对团队精神的能力要求持这样的观点：要有与别人沟通、交流的能力以及与人合作的能力。

合作能力如此重要，那么我们到底应该如何提升自己的团队合作能力呢？以下是一些行之有效的小方法。

(1)多进行交流沟通。大家虽然同在一个团队里工作，但是你与他人之间难免会存在差别，能力、知识与经历上的差异会让你们在处理问题、对待问题时产生不同的想法。在双方进行交流协调时，将自己的想法说出来，听听对方的意见，你很可能会因此而赢得更好的人缘。

(2)以平等的态度友善地对待他人。即使你是一个真正优秀的人才，即使你认为仅凭借自己的一人之力便能将所有的事情解决好，你也不能过于张狂。因为在团队中很可能会发生不可预料的事情，而这些事情并非是你一个人可以应付的。让自己做个友善的人，以平等的心态去面对他人，你便能够在自己困难时获得更多的支持。

(3)保持积极乐观的态度。你的积极与乐观往往会影响身边的同事及你的合作伙伴。你应该尽量在团队中展现自己积极的一面，即使是遇到了非常难以解决的事，你也应乐观一些，对大家说："放心吧，我们只要尽全力去做，肯定有机会成功！"

(4)富于创造力。平日里，你不应过分安于现状，而应该对自我创造能力进行培养，试着对自我潜能进行发掘，让自己时时皆有好建议。一个处处皆有不凡表现的人，不仅能让自己保持与他人的合作关系，更能让所有人都乐意与你合作。

(5)摒弃主观偏见。也许你会对某个同事产生厌烦之感，这种厌烦可能是因为对方曾经做过什么错事，也可能只是由于你个人的喜好，但是，不管你喜欢与否，他都会出现在你的面前，若你不学会让自己试着去接纳对方、与对方合作的话，那么很可能会因此而导致整个团队人际关系的恶化。

第九章

不断进取提升自己，有完美的自己才有光明的未来

一个人要想超越自己，就得在工作中从苛求细节做起，用不断进取来提升、完善自己，向着最好和最完美进发。当你以最完美的状态投入到工作中时，你不但会成为公司独当一面的优秀员工，还会拥有一个光明灿烂的未来！

1.

不断学习，完善自己

进入职场后，我们应该懂得，要通过在工作中不断学习为自己的职业打基础。因为在工作领域，还有许多东西要学。因此，我们除了在工作中完善自我外，还要在不断的学习中逐步完善自己。

对于身在职场的我们来讲，学习已不受时间、人员及场所的限制，它已经变成了我们终身的事情，如今，我们倡导随时随地学习。职场中，学习能力的提高远比学习知识更重要，知识毕竟是在不断更新，人们所需要的是具备学习知识的能力而不仅仅是知识本身。

每个职场人士要想在职场中站稳脚跟，都必须认真对待工作，在工作中不断总结和学习，不断完善和超越自己。唯有如此，才能不断地成长。任何一个想在工作中有所作为的人，都会珍惜每个学习机会、提高技能以及寻求挑战的任务。与其依赖公司或是全凭运气、不如想办法让自己成为公司不可替代的员工。

王倩是唱片公司的高管，作为首席执行官，她现在负责公司旗下两个唱片公司的工作，别看她平时的工作量很大，但她做得轻车熟路，非常出色。

谁能想得到，当初她在接受这项工作时，外语学院毕业的她，对这个行业一无所知，她是作为一名业务员进入唱片公司的。那时，为了能够胜任工作，她选择了在工作中不断地学习，来弥补自己专业知识的不足。

在学习前，她十分理智地对自己的能力进行了判断：“管理

经验和人文素养是我最重要的优势，欠缺的是对音乐娱乐行业的了解，这点我要在业余时间不断学习，来补充自己的不足。”

对于王倩来说，要学习的东西太多了。不过，随着她在工作中不断地完善自己，她发现，从零开始接触一个职业，学习与其相关的各种知识，也是挺有意思、挺有成就感的。当她的工作一天比一天做得好时，她的学习劲头更足了。

以前她经常听的是罗大佑、李宗盛、周杰伦、张惠妹的歌，但现在她也张口就提到香香、羽·泉、黄征……每当听到公司歌手在录一首好歌，她就立刻把小样拿给同事听，或者自己独自反复欣赏，这让她感到很有趣也很有成就感。

很快，因为王倩表现出色，她被公司提升为部门经理，每年要只身前往陌生的地方工作和生活，只有23岁的她却丝毫没有感觉到压力，反而发现了一片全新的广阔天地。

这个故事告诉我们这样一个道理：要真正实现职业化，我们需要认真地了解自己的优势与不足，发现优势要发扬，发现不足要通过学习来完善，以规避和改善工作中的不足之处。

生活中，人无完人，我们每个人都有着各自的缺陷和弱势。也许你已经满腹经纶，掌握了充沛的技能，然而对于新的企业、新的经销商、新的客户，你也许就重复刚入职时的状态了。所以，职场人士要学会用空杯的心态整理自己的智慧，吸收别人正确的、优秀的东西。

对于企业领导者而言，公司发展的源动力正是每位员工能力的集合，只有每一位员工不断提高自己的业务能力，企业才能快速地发展。因此，在领导者眼中，那些积极向上，不断学习和自我完善的员工，才是企业发展的坚实支柱。

格尔克是巴西埃索石油公司的董事长，他曾经说过，专业人才应该像海绵一样，不断努力地从周围发生的事情中吸取营养。他们应该不断学习，不断完善自己，才能把工作做好。

在西门子公司，任何一位员工都会积极主动地从工作中学习，从商业实践经验中学习，向同事学习，或通过和他人分享知识来学习，以保证自己的进步和未来的成长。他们拒绝平庸，总是充满热情地做事，他们勤于思考，积极创新，并随时愿意接受新事物。

古往今来的许多事实也证明，唯有在工作中不断学习，才是培养自己创新能力的最好办法。这就需要我们用寓乐于学来完善自己，进而不断创新。

一个人，不论他的学历有多高，如果步入工作岗位后，不注重学习，就会落后，也会因此而缺乏创意。只有不断学习新的东西，才能让创新能力有所提升。

梁建刚进广告圈的时候，因为对广告创意的环节不了解，他的创意虽好，却因无法掌握新时尚、新文化、流行的新元素而无法将抽象的概念转化成有视觉冲击力的作品，所以，他所制定的广告创意标准也有所降低。

为了做好这项工作，他开始从基层做起，把自己变成一块海绵，在工作中随时学习。就这样，他学会了剪接、看市场调查报告、拟定策略、想创意、写文案、看完稿、盯印刷、盯摄影……

有时为了完成一个广告案，在工作之前，他会先对每一项环节进行认真思考和学习，等有了一定程度的了解后再动手做。

为了不影响自己的工作，对于电视广告部分，他利用一切可以利用的时间来学习怎么画脚本，与导演沟通对方想要的感觉、镜头、色调……还有之后的剪接、配音等等。就这样，他养成了主动涉猎各个环节的习惯，通过不断学习来把握流行元素，了解产品信息，随着他做的工作越来越多，他的学习范围也越来越广。经常是这样的情况：他完成一项工作的时间，远远没有他学习的时间长。

曾经有一次，他把公司分配的用两周可以完成的任务只用了十天便完成了，而且做得非常完美。当老板夸他是广告"天才"时，他笑着纠正说："我是学习的天才。"

他说的是实情，在这十天中，他每天最多只睡三个小时，其余时间都在学习。有时在半夜里醒来有好创意了，他会立刻起床记下来。当然，他并没有把这些情况告诉老板。

四年当中，梁建在工作中学到了很多东西，包括业务、媒体、

平面印刷、平面制作、电视广告等等。那时，经他手的每一项工作，都做得非常出色，他做的几个品牌广告，在央视播出后好评如潮。公司许多大客户，指名让梁建来负责自己的业务。

就这样，梁建凭借着较强的工作能力，在四年后从一个新人被公司提升为创意总监。而按照正常的程序，从新人熬到创意总监这个位置，差不多需要十年。

梁建在谈到自己的成功心得时，总结道："我就是比别人多花费了点儿时间来学习，就是在工作中完善自我，在学习中不断提升自己。"

在职场上，我们只有不断地去学习和自我完善，才会让自己跟得上工作的步伐。人的一生就像一条长河，停滞不前的唯一结果是被漫长的生活暗流吞没。我们只有不断地否定过去，才能面对新的挑战，而每一次的选择与放弃是为了实现梦想，也是为了得到更多的喝彩。

通用电气前总裁韦尔奇曾说："借鉴的就是最好的。"他经常鼓励员工去仔细搜索好点子并据为己有，并将之称为"合理的剽窃"。对此，也许有人会觉得奇怪，作为美国最强大企业之一的通用电气仍然需要寻找好的点子？它应该被其他企业模仿才对啊。然而在韦尔奇看来，每个组织都要学习，通用电气也不例外。

在戴尔公司，领导都十分重视提问，在他们看来，通过提问可以了解员工的想法，这是吸引员工创意的有效途径。戴尔在公司会上经常询问各部门同一个问题，然后将他们的回答进行比较，并分析异同。戴尔认为："当一家公司所有人都以同样的方式思考时，是非常危险的现象。"只有以不同的观点来处理问题，才能不断把创新注入公司的文化当中。

古人云，活到老，学到老。我们要想让自己胜任工作，就得在工作中边干边学，缺什么补什么是切实可行的办法，只有不断地学习，才能不断完善自身的不足，才能不断更新自己的知识层次，拓宽知识视野。

实际上，我们不断学习的过程，也是不断完善自身的过程。这种学习能力在职场上会非常显眼。彼·圣吉认为，未来职场人士唯一持久的优势是，比你的竞争对手学习得更好。在市场竞争激烈的今天，我们每个人都在为自己不断地充电，每个人都在充实自己。如果一个人松懈好逸，那么他只能被淘汰,因为世界上最可怕的事情是比你聪明的人却比你更努力,这就是人与人之间产生的差别。

西方白领阶层目前流行这样一条知识折旧定律:“一年不学习,你所拥有的全部知识就会折旧80%。你今天不懂的东西,到明天早晨就过时了。现在有关这个世界的绝大多数观念,也许在不到两年时间里,将成为永远的过去。”

作为职场中人,我们要从实际工作出发,有意识地选择适合自己的充电途径,找准最佳组合点,才能适应不断变化的环境,获得充电的最佳效果,最终拥有驰骋职场决胜职场的能力。

当今世界的知识有两大特点:一是积累多,知识量大,多得叫人眼花缭乱,目不暇接;二是增长快,发展快,快得千变万化,日新月异。任何一项知识和技术都只有暂时性的意义,这使得人才资本的折旧速度大大加快。

每个人获取的知识有多少,很大程度上取决于个人的学习能力,形成自身的知识生产能力成为每个人当下首要的任务。从某种意义上说,未来的“文盲”不是不识字的人,而是不会学习的人。

在这个知识与科技发展一日千里的时代,任何一个人要想在工作中出人头地,只能让自己不断学习,不断地完善自己,不断追求成长,才能使自己在职场上始终立于不败之地。

作为一个员工,我们通过在工作中不断学习,提高自己的实际能力。因此,不论我们身处职业生涯的哪个阶段,学习的脚步都不能稍有停歇,要把工作视为学习的殿堂。你的知识对于所服务的公司而言是很有价值的宝库,所以你要好好自我监督,别让自己的技能落在时代的后头。

面对职场中不同的境遇和挑战,我们只有学会变通,完善自我,以寻求职场的生存之道。俗话说:“江山易改,本性难移。”其实,人之一生都在追逐自我的人格完善和价值实现。人格是可以改变的,关键是怎样加以改变,并令其有可持续性发展。

(1)端正心态,态度决定一切。端正心态,就是要变被动工作为主动工作,变“要我工作”为“我要工作”。作为一个合格的员工,必须具备良好的心态。做到这一点要从两方面抓起:一是责任心,必须有充分的责任心,这是做好工作,让事业有所发展的基础;二就是与企业一致的价值观。

有位哲学家说得好,人在追求绝对价值的时候会超越很多相对价值。我们不是超脱凡俗的圣人,但给自己树立较高价值观的目标可以让自己超越很多相对低级的目标。作为员工,有了高层次的目标,就会超越很多低层次的竞争。也只有在追求上与企业达成一致,才有可能更大程度地为企业创造价值,从而为自己带来更多的收获。

(2)努力提高技能,不断完善自己。我们每个人所学的专业不同,所从事的工作不同,所服务的行业不同,但有一点是相同的,我们都是在为社会创造财富,都是一名职业人,都要对自己所从事的工作有全面的了解。它包括:一是工作中需要哪些技能、经常会遇到哪些问题及解决办法等,在工作中将这些基础夯实,逐步地将其运用熟练,在工作中取得成绩;二是能从公司的角度考虑所从事工作的重要性,考虑所从事的工作对公司的发展起到什么作用,考虑从自己如何给企业带来更大的利益;三是对自己所处的行业有深度的了解,能看清所在行业的发展及未来,了解行业产生的历史,产生的社会客观环境,从宏观的角度对自己的行业有所认识。

(3)厚积薄发,正确看待职业生涯。当然不断完善自己是一个过程,职业生涯发展也需经历一个过程,要对职业生涯认识,看清楚其实质。其实职业发展正如学习,需要循序渐进,急功近利只会葬送自己的前途。通常情况下,在一个职位上工作达三年,才能很好地掌握本职位所需要的关键能力,包括知识和经验的积累、技能的提高,才能熟悉本行业及本企业的业务流程;在一个企业工作至少达三年以上,才能对企业的经营管理现状及其战略、企业文化等诸多问题有较深入的了解,在此基础上,工作起来才会游刃有余、应对自如,人的潜能才会最大限度地释放出来,无论是所实施的问题解决方案还是研发创新都会极具针对性、创造性、有效性,最终最大限度地实现自我价值。厚积才能薄发,这是走向成功的必然条件。

2.

提升能力，让自己更给力

能力是一个人立足的根本，是一个人的核心竞争力，是立于不败之地的法宝。别人做不到你做到了，别人做不好你做好了，在别人一筹莫展的关键时刻，你把问题解决了，那你就拥有了他人无法超越的能力，别人想压都压不住。能力不是天生的，而是通过后天的努力、通过各种途径，包括在工作当中持续不断地学习得到的。因此，善于在工作中提升自己的能力，会让你的工作更给力。

任何一个在职场获得成功的人，都要想办法在工作中提升能力。也许，你现在水平很低，能力有限，这都不要紧，只要能够努力工作，快速提高自己的能力，你就会逐渐成为能够独当一面的优秀员工。

有人说，21 世纪是一个高科技的时代。也有人说，21 世纪是一个知识型经济的时代。但万变不离其宗，21 世纪始终是个不断学习的时代。当今世界的知识有两大特点：一是积累多，知识量大，多得叫人眼花缭乱，目不暇接；二是增长快，发展快，快得千变万化，这使得人才资本的折旧速度大大加快。

在工作当中，我们经常会有这样的感受：昨天还觉得自己能胜任工作，但今天再用同样的方法工作时，就会发现，这种方法明显地过时了。难怪有人说，在职场上，一天不学习，你所拥有的全部知识就跟不上时代的步伐了。你今天不懂的东西，到明天早晨有可能就过时了。

现在知识老化现象凸显，每十年甚至更短的时间内知识就要更新一遍。我们每个人都不能光靠过去所学的知识来工作，而要不断地学习。

人的核心竞争力源于创新能力，而创新能力则来自不断的学习。因而，学习能力是一个优秀员工必备的素质，也是一个员工让自己成为企业

发展动力的有效途径。

学习能力远比其他能力更为重要。一个现在有能力的人，无论他是博士、硕士，还是高级工程师，如果不注重学习，便会落后，变成一个"能力平平"的人；而一个暂时能力不是很强的人，只要坚持学习，善于学习，就一定会成为一个能力出众的人。

我们要时时刻刻记住，只有不断学习的人，才能提高自己的工作能力，让自己在竞争激烈的社会中立于不败之地；只有不断学习的人，才能更好地完成本职工作，为企业的发展贡献更大的力量！

在现实生活中，有些人往往非常看重薪水和工作环境。很少有人把学习技术、提升自己的能力摆在第一位，而总是抱怨公司、老板对自己的不够重视。实际上，问题出在你自己身上，你不养成学习的习惯，不提高自己的工作能力，老板怎么会青睐你呢？

当然，有很多方法能提高自己的工作能力。我们除了多为自己充电外，还要"多读书，勤学习，多实践"，这两点是最常见的，也是最实用的方法。当然，如果能够掌握这两种方法，并坚持下去的话，你的能力一定会在不知不觉中提高许多，也能增加你的信心。

程宏与李江是大学同学，他们同时进入了某大型服装企业工作。几年过去了，两人的发展却有了天壤之别。

李江已经创业成功，成了服装行业一名顶级设计师，以及多家知名服装企业的咨询顾问，并拥有了自己投资的管理咨询公司。而程宏还是某型小服装企业的小小推广经理，虽然本职工作也干得很优秀，但因为服装行业的整体不景气，又加上服装行业是人才聚集地，所以程宏很难在岗位上有所"突破"。

为什么一开始的工作能力几乎是相同的，可后来却有了这么大的区别呢？

原来，参加工作后，李江不但细心工作，而且很留心工作中的失误，还经常和一些业外人士交流。这使得他的思维不至于拘泥于一个小圈子里。慢慢地，他总结出行业经验：要想在这个行业生存，就得通过学习，走出一条与众不同的路。

于是，李江为了让自己的设计理念跟得上时代，他在平时工作中，不断地学习和思考，终于设计出了一套特别的服装设计图例。这使得他得到了上司青睐，职位也一路攀升。而他自己也不满足于做个为别人打工的人，就自己开了公司。

而程宏只是按部就班地从事自己的工作，没有想过通过学习来提升自己，所以，也就设计不出别具一格的服装了。由于他的思想被固定在最初的模式上，工作几年后，能力也没有什么提高，当公司觉得他不太适合再继续做下去时，自然就不想重用提拔他了。感觉自己在工作中十分吃力，程宏后来就到了某小型服装企业，做了个推广经理。

李江和程宏的职场经历，给同样在职场打拼的我们敲响了警钟，那就是，你如果想让自己成为李江，就得在工作中不断提升能力，让工作更给力；而如果你想让自己成为程宏，那么你就不用提升能力了，只需用以前的知识来应付工作就可以了。

李江和程宏的故事告诉我们，工作能力的不断扩展和提高，对我们的工作和事业是非常有帮助的。能力不断提高，我们才能胜任工作。而这些能力，是我们在工作中不断学习、不断与人交流时逐渐培养出来的。正是这些能力，可以帮助我们提高工作业绩。由此可见，一个人的逻辑思维能力是通过长期对工作的理解，慢慢形成的一种为自身所利用的能力。

当然，每个人的思维能力都是不一样的。有的人逻辑思维混乱，有的人逻辑思维能力很强、很敏锐。必须说明的是，这种思维能力是可以后天培养的。所以，我们在平时工作学习中要注意培养这种思维能力，以此来提高自己的工作能力。

一个职场中人的能力高低，对其前途有直接的影响。那么，如何才能提高能力呢？这也是近些年来，人们所关心的。要想提高自己的能力，需要在大量的实践中积累和提高，永远不能懈怠。想要全面提升自己的能力，可以从以下几个方面着手。

(1)多读书，勤学习，多实践。只要我们能够做到这些，我们的工作能力便能快速提高。通过阅读，我们能吸取大量有用的知识，并将所学用到实践中去。无论何时，我们的心态都要积极向上，学习和掌握服务社会的技能，能够自主地学习、积累并加以实践，这样自己才能在激烈的竞争中

脱颖而出,别人才会认可自己。

(2)勤于学习和付诸实践,能让潜能最大限度地发挥。一个人,他平时只能发挥自己潜能的8%~10%,如果进一步开发自己的潜能,做出的成绩也就更大。只有这样,在自己能力得到提升的同时,也开发了自己的潜能,而你做出的业绩,也会远远大于你在此之前的期望。作为职场中人要知道,没有人是十全十美的,任何一个人,不管他多么优秀,都会有缺点和不足之处。你的某些缺点和性格,也许会追随你的一生。而提高工作能力,就是减少缺点,增加优点,让自己更优秀的方法。

(3)永葆热情,全心投入工作。对工作一直保持热情,在职场上展现活力和上进心,甚至在团体里能激起同事、下属工作斗志的人,是企业最想留住或网罗的对象。要让老板认为你总是全心投入工作,不计较多做一些事,而是自动自发多做一点儿,不是每天上班、下班,只把分内工作做好。如果计较的话,你无法接触其他层面的事,也就无法让自己提升成多技能的人,未来很难向上发展。

(4)发展多技能。只拥有一种专业能力已经过时,现在职场需要会“七十二变”的孙悟空。过去认为,只要不断精进自己的核心专业能力,就能牢牢捧住饭碗,但现在这种想法可能会让你在职场上升迁受阻,甚至被淘汰出局。要在竞争激烈的职场上求生存,捧牢饭碗,需要积极让自己成为“多技能”人才。

(5)培养领导能力。领导能力,不仅可保住工作,也助你在职场更上一层楼。领导能力分为两方面,一方面是对内整合公司的人力资源,安置每个下属到最适合他的职位,整合团队一起达成公司确立的目标;另一方面则是对外整合客户的能力,和客户建立良好的关系,为公司创造最大利益。如果是一直担任专业职务,或目前没有管理经验,可以先争取担任大型专案负责人,练习整合资源及跨部门沟通协调等等能力。

(6)确实的执行力。制定一个好策略固然重要,但是光有策略不够,更重要是能执行出成效。执行力好的人能将策略马上付诸执行,并且过程中不断追踪确认,如果发现偏离了企业确立的目标,就尽快调整修正执行内容,以避免离目标愈来愈远,浪费公司资源。

(7)良好的沟通能力。不论什么职务和职位,都需要良好的沟通能力,而且借助沟通表达,提高你在职场的能见度,让你的工作能力和绩效容易被主管和其他人看见。沟通能力的重要性绝不亚于其他专业能力，尤其关系升迁机会的获取。不论开会、参与讨论、和主管面谈或与客户接触，都是锻炼及表现沟通能力的好机会。不二法门是，事前做好充分准备，最好事先练习说几次，就不会一下子不知道怎么开口，或说得条理不清，让人听不出重点。

(8)持续不断学习。所有企业领导人都会认同，优秀人才必备的条件之一，就是拥有不断学习的能力。尤其大环境不停变动，现有知识很快就不足以应付明日的工作挑战，所以，不断学习绝对是必要的。此外，快速学习，并立即运用在工作上也很重要，具备这样能力的人，最受企业青睐。

3. 拒绝平庸，永不满足于现状

我们要想在职场中不断进步，就得拒绝平庸，永不满足于现状。拒绝平庸，需要我们重塑自己。重塑自我的过程就是一个认识自我、发现自己的优点缺点，进而调整自我、充实自我，从而不断进步、不断完善的过程。

大千世界，芸芸众生，只有少数的时代英雄能成就轰轰烈烈的人生伟业，而我们绝大多数人都是平凡而普通的——岗位平凡、角色平凡、生活也平凡。但人可以平凡，却不能平庸。

在工作中要拒绝平庸，就得在自己的岗位上，多付出些艰辛、执著的努力和不懈的坚持。除此以外，还需要不断地充实自我、提高自我，而充实自我、提高自我的关键就是学习。

学习会大大提高我们自身的各项素质，从而达到充实自我、提高自我、提高工作效率的目的。也就是说，要想取得更大的成就，仅仅做一个“工作狂”是不够的，而应该做一个“学习型工作狂”。

学习对于我们的工作和生活都有重要意义，所以我们应当乐于学习。乐于学习体现了人们对进步的追求和对成功的渴望，乐于学习还是现代公司对于人才的重要评价标准之一。通过孜孜不倦的学习，人们在工作中可以得到更多、更好的解决问题的方法，还可以为公司的发展提供、创造更多的机会。

只有不安于现状，才会让自己拒绝平庸；也只有不安于现状、具有强烈进取精神的人，才不会被社会淘汰，被人遗忘。这是因为，他对自己的现状永不满足，即使他的工作已经做得很好了，仍然在尝试创新，以求做到更好。

20世纪西方最重要的艺术大师巴勃罗·毕加索，他的艺术和生活都充满了传奇色彩，他以富有创造性的艺术、数量惊人的作品、多样化的风格和强烈的情感，给各国艺术家以深远的影响。

毕加索很小的时候，就表现出艺术的天分。13岁时的油画作品已显示出很强的写实能力，但他明白，要想有更大的进步，就得不断进取，于是，他宁肯把这种天分闲置起来，尝试着不断创新和改变自己的画风。正是因为他拒绝平庸，永不满足于现状，他的绘画技艺大增，未满14岁就开了个人画展。15岁时他进入巴塞罗那学校，一年后转入马德里圣尔·南多美术学院，正式开始了艺术生涯。

毕加索的作品不断改变着风格。他的绘画发展阶段可分为“蓝色时期”、“粉红色时期”、“黑色时期”、“立体主义时期”和“超现实主义时期”。正是有了这些他对绘画的变革，特别是“立体主义时期”及以后的创作，几乎可以说他一人完成了现代绘画的视觉革命。

毕加索在90岁高龄时，开始画一幅新的画时，不安于现状的他，对世界上的事物好像还是第一次看到一样，仍然像年轻人一样，在绘画方面寻找新的思路，并用新的表现手法来表达他的艺术感受。

一般来说，大多数画家在寻找到一种适合于自己的绘画风格后，就不再改变追求了，当他们的作品得到人们的赞赏时更是这样。随着艺术家的年龄增长，他们的绘画风格，变化不会很大。而毕加索却像一位终生没有找到他的特殊艺术风格的画家，千方百计寻找完美的手法来表达他那不平静的心灵。

毕加索作画，不仅仅用眼睛，而且用思想。毕加索的画，有些色彩丰富、柔和、非常美丽，有些用黑色勾画出鲜明的轮廓，显得难看、凶狠、古怪，但是这些画启发我们的想象力，使我们对世界的看法更深刻。

从毕加索的身上，我们可以学到他那不安于现状、永不满足的精神，也只有具有这种精神的人，才能获得事业的成功和精神上的富有。

在工作中，如果我们小有成就就满足了，那么自己将永远也无法抵达事业的高峰，永远也无法取得骄人的成绩，只有当我们保持谦虚谨慎的心态时，才可能收获更多。

我们要想摆脱平庸，就不能安于现状，要想在工作中做得比别人好，就得积极进取。把每一件简单的事做好就是不简单的人。敬重自己的工作，保持忠于职守、尽心尽责的精神，不怕辛劳，主动进取，勇于吃苦，忍得住寂寞枯燥，拥有忠诚美德的人，我们找不到他们不能成功的任何理由。

在任何时候，我们要想获得成长和实现进步都离不开学习，所以除了乐于学习之外，还应当善于学习：学习如同人生中其他最重要的事情一样，如果不讲究方法，即使你投入了大量的时间和精力也难以达到想要的效果，所以人们必须掌握正确的学习方法，才有希望具备卓越的学习能力。

不是第一就要努力成为第一，即使你已是第一，也永远可以做得更好。世上没有常胜将军，哪怕你是第一，也会面临更多的挑战。这样的挑战来自于他人，同样也来自于自己。

一个人一旦满足于自己目前获得的成就，便失去了继续前进的动力，不会再让自己追求更高的目标。而在这个竞争日趋激烈的社会，不前进便意味着后退，很有可能会被无情地淘汰。一旦你停止前进，便会被别人赶超。

现代社会各行各业都存在激烈竞争，公司和个人都面临着巨大的压

力，只有在工作中不断学习不断提升自我，才能够帮助公司完善体系，适应市场变化，增强竞争力，推动公司向前发展。

在工作中要摆脱平庸，除了敢于质疑自己的工作之外，还要让自己从“出色”变为“卓越”。我们每个人的身上都蕴含着无限的潜能，如果你能在心中给自己定一个较高的标准，激励自己不断超越自我，那么你就能摆脱平庸，走向卓越。

事实上，面对激烈的竞争，我们每个人都不应该满足于现状，要不断地超越平庸，追求完美，事物永远没有“够好”的时候，只有把它“做到最好”才能真正成功。当每个员工将“做到最好”变成一种习惯时，便会从中学到更多的知识，积累更多的经验，就能全身心投入工作的过程中并在其中找到快乐，获得更多的回报。

有一位哲人说过：“能够造就自己的东西不光是生来就有，还有学习所得，所以卓越者必谦虚好学。”这句话流传已久，它还会继续流传下去，因为它适用于任何时代、任何环境、任何人。在这个重视学习、重视知识、注重竞争的大环境下，这句话的意义尤为显著，更值得每一位追求事业进步、追求自我完善和发展的人深思。

不要停止努力工作的脚步，也不要停止学习的脚步。学习不是停止工作，而是积蓄继续前进的力量；学习不是浪费工作时间，而是为了使工作做得更好。盲目地、急匆匆地工作也许会使眼前的任务迅速完成，但只有学习到工作的方法、提高了工作效率，才能在及时完成眼前工作的同时，又使日后的工作效率得到大大的提高。

我们要明白，虽然“平凡”与“平庸”只一字之差，却相差千里。平凡意味着平常而普通，有着一般性和重复性的特点；平庸则是不思进取，敷衍塞责，碌碌无为，最终流于平淡而庸俗。因而，在平凡的工作岗位上，我们要发挥潜能，谋求进取，努力创造出不俗的业绩。

或许我们不能辉煌地扬名天下，或许我们只能平凡地度过一生，但是我们要时刻警醒自己：在平凡的工作岗位上永远保持奋斗的热情，拒绝平庸和碌碌无为。

4.

追求卓越，让自己一天比一天优秀

有位哲人说得好："如果你不能成为大道，那就当一条小路；如果你不能成为太阳，那就当一颗星星。"决定成败的不是那些外在的条件，而是能否做一个最好的你。同样的道理也适用于职场，在职场上，没有最好，只有更好。我们只有不断地追求卓越，才能让自己一天比一天优秀起来，把工作做得一天比一天好。

追求卓越是我们每个人的生命要求，追求卓越也是每个人改变自己命运的有效方法。追求卓越、取得成功，是天下所有人的愿望。在人类文明的发展过程中，追求卓越始终是人们持久的动力和永恒的目标

我们要想做一个成功的人，就要从点滴中积累，把每一件小事看作是大事，认真对待自己的工作，善待自己的老板。在工作经验的不断积累中提升自己，追求卓越，引领和组建优秀的团队，提升企业的核心竞争力！让每一天都有价值，让每一个小时都有意义，用每一分钟铺就成功的大道！赢在别人休息时，做有价值的自己，在求得生存的同时求得自己的发展，在锻炼中提高自己的能力，为以后做更多的事情做准备！我就是老板，我在为我自己的事业而奋斗！

"强者为尊应让我，英雄只此敢争先，一腔热血一身胆，不知退后总向前，英雄只此敢争先，敢争先。"这是《西游记》中的歌词，也是我们表达自己永远奋进的心声。

追求卓越，做最好的自己。具体一点儿就是，当身边的人都很失败时，自己比他们都好一点儿，但是你自己却远没有达到自己的理想。这个时候自己要不受他们的影响，应继续追求自己的梦想，追求自己定下的目标，这就是追求卓越。

不是比别人好就是追求卓越，而是要超越自己的理想。这个理想每

个人都可能不一样，根据自己的实际情况来确定。不断进步才是追求卓越。

有什么样的目标，就有什么样的人生；有什么样的追求，就能达到什么样的人生高度。勤奋地工作，让你超越平庸，主动进取，这样才能取得职场上的成功，才会拥有精彩卓越的人生。

追求卓越、拒绝平庸是每个人必备的品质。所以，无论什么时候，都不要满足于一般的工作表现，要做就做最好，要成为老板不可缺少的员工。拿破仑曾鼓励士兵："不想当将军的士兵不是好士兵。"

为什么我们可以选择更好的生活的时候，却总是选择平庸呢？为什么我们可在职场中纵横驰骋的时候，却总是原地踏步、徘徊不前呢？

答案很简单，就是因为追求卓越的理念还没有深入我们的内心，只有将追求的理念时刻放在心头，你才能披荆斩棘，走向成功的殿堂。

一个人的心态在某种程度上取决于对自己的评价，这种评价有一个通俗的名词，就是定位。在你的心中，你给自己何种定位，你就是什么，你把自己定位为优秀人群中的一员，你会向着优秀去奋斗；你把自己定位为平庸者，你会让自己安于现状。因为定位能决定人生，定位能改变人生。

条条大路通罗马，但你只能选择一条。人生亦如此，成功的路有很多条，但你需要做的是选择最适合自己的那一条路，然后坚定不移地走下去。

一个人怎样给自己定位，将决定其一生成就的大小。志在顶峰的人不会落在平地，甘心做奴隶的人永远也不会成为主人。

你可以长时间卖力工作、创意十足、聪明睿智、才华横溢、屡有高见，甚至好运连连，可是，如果你无法在创造过程中给自己正确定位，不知道自己的方向是什么，一切都会徒劳无功。

所以说，你给自己定位是什么，你就是什么，定位能改变人生。在人生历程中，每个人都迫切希望自己能成为众人中的焦点，成为聚光灯的中心，事实上，这并不是什么困难的事，只要你拥有一颗追求卓越的心。

他叫孟化，18岁那年，因为家庭贫穷，只差五分没有考上大学的他，独自一人带着母亲烙的几张饼，徒步走了几十里的山路，来到城里谋生。

几经周折，孟化才在建筑工地上找到了一份打杂的活。一天的工钱是12元，这对他而言只够解决三餐，但他还是想尽办法每天省下几元钱接济家人。

尽管生活十分艰难，他仍在心里不断地鼓励自己，为此他付出了比别人更多的努力。两个月后，他被提升为材料员，每天的工资增加了两元钱。

靠比别人多付出，他初步站稳了脚跟。之后，他想继续寻求新的发展。他认为：要在单位站稳脚跟，就得更多地得到大家的认可，甚至成为单位不可缺少的人。那么，怎样才能做到这点呢？

冥思苦想之后，他终于想到了一个小点子：工地的生活十分枯燥，他想，能不能让大家的业余生活过得丰富一点儿呢？想到这儿，他拿出自己省下来的一点儿钱，买了一些名著背下来，在晚饭后，讲给大家听。渐渐地，晚饭后的时间，成了工友们一天中最盼望也是最快乐的时间。

一天，老板来工地检查工作，发现他有非常好的口才，于是决定将他提升为公关业务员。一个小点子付诸实践后就能有这样的效果，他极受鼓舞。于是，他便将自己的特长运用到工作的各个方面。对工地上的所有问题，他都抱着一种是自己的事的心态去处理。夜班工友有随地小便的习惯，怎么说都没有用，他想尽办法让大家文明如厕；一个工友性格暴躁，喝酒后要与承包方拼命，他想办法平息矛盾，使双方都很满意……

别看这些都是小事，但领导都看在眼里。慢慢地，他成了领导的左膀右臂。

由于他经常主动思考，终于等来了一个创业的良机。有一天，工地领导告诉他，公司本来承包了一个工程，但由于某些原因，决定放弃。

作为一个凡事都爱想办法的人，他力劝领导别放弃。领导看着他充满热情，突然说了一句话："这个项目我没有把握做好，如果你看得准，可以由你牵头来做，我可以为你提供帮助。"

他几乎不敢相信自己的耳朵：这不是给自己提供了一个可

以自行创业的绝好机会吗？他毫不犹豫地接下了这个项目，然后信心百倍地干了起来。

他凭着不懈的进取精神不断地想办法解决难题，终于出色地完成了这个项目。他现在不仅拥有当地最大的建筑队，还是内蒙古最大的草业经营者之一，每年有一万多户农民给他的企业提供玉米、草等动物饲料。拥有了巨额财富的他，在贫困的家乡建起了一个规模庞大的金霉素生产厂，其生产量占全球产量的四分之一，很多父老乡亲跟着他走上了致富的道路。

孟化的事例说明了这样一个道理：追求卓越是每个人的生命要求，追求卓越也是每个人改变自己命运的有效方法。在人类文明的发展过程中，追求卓越始终是我们每个人持久的动力和永恒的目标。

有什么样的目标，就有什么样的人生；有什么样的追求，就能达到什么样的人生高度。勤奋地工作，超越平庸，主动进取，才能取得职场上的成功，才会拥有精彩卓越的人生。

有一句话这样说："取乎上，得其中；取乎中，得其下。"就是说，假如目标定得很高，取乎上，往往会得其中；而当你把定位定得很一般，很容易完成，取乎中，就只能得其下了。由此，我们不妨把自己的定位定得高一些，因为意愿所产生的力量更容易让人在每天清晨醒来时，不再迷恋自己的床榻，而会抱着十足的信心和动力去面对新的挑战。人生随时都可以重新开始。只要你有一颗追求卓越的心，你的人生随时都能重新开始！

5. 超越自己，向着最好和最完美进发

超越自己，向着最好和最完美进发，这是让我们个人获取成功的关键。正是有这种对最好、最完美的自己的孜孜追求，职场上才出现了越来越多的卓越人才。

在工作中，一个人要想超越自己，就得从苛求细节做起。一个人尽职尽责、追求完美，才会发掘自身的潜力，取得优异的业绩，而对待工作得过且过的人，纵然才华横溢，也会逐渐流于平庸，所以，任何人都需要在追求工作中激发自身潜力，以完美的状态投入工作中。这也是公司管理者所看重的员工素质。

生活中，总有一些人爱沮丧，而这种沮丧来自于“比较心”：“我比别人出身差。”“我比别人运气差。”……如果这样比下去可能比不完了，你只会“比”出消极的心态。但如果你换一种方式来比的话，情况就不一样了，你想一想从小到大的自己，和自己来比，想想自己为什么比以前好了，自己怎么做才能比现在更好，怎么做才能让自己变得最好和最完美。当你这么比下去的时候，你才会不断地超越自己，让自己一天比一天“完美”起来。

英国作家约翰·克莱斯，可以说是全世界数一数二的多产作家，他一共出过564部小说，如果以一年出10本小说来算，他花了将近五六十年时间在写小说。出了那么多书，你可能会以为他是百战百胜的作家，那你就错了，他曾经被退稿达753次。

然而，正是这753次的退稿，给了他超越自己，向着最好和最完美进发的机会。多年以后，他在提到自己的过去时，说道，自己最应该感谢的是那753次退稿，因为他每接到退稿后，就会

认真地思考，一遍遍地修改文章，就这样，他的稿子质量在他的多次修改中，开始变得越来越好。而他自己，也是在这一次次的修改中，不断地修补自己的缺点、发扬自己的优点，一点点地超越自己，让自己向着最好最完美进发。

这就是约翰·克莱斯成功的秘诀，他在一次次失败中超越自己，在让自己的作品变得完美的同时，也让自己变得完美起来。有一个心理学家曾经说过："你一定比你想象的还要好，但是许多人并不这样认为。"许多杰出人士在小小年纪时，就怀有大志，就想与众不同，无论遭遇任何磨难，仍相信自己是最好的。你是不是有这样的信念，有别人打不倒的自信心呢？你的坚持有多强，你的自信就有多强，你未来的路就有多长。

我们每一个人都应该永远记住这个真理：只有不断超越自我的人，才是一个真正聪明人。人生在世，每个人都有自己独特的禀性和天赋，每个人都有自己独特的实现人生价值的切入点。你只要按照自己的禀赋发展自己，不断地摆脱心灵的束缚，你就不会忽略了自己生命中的太阳，而湮没在他人的光辉里。

在职场中，公司需要的正是这种不断超越自己的高端人才。被称为"打工女皇"的吴士宏就是一个敢于对自己不断发起挑战的人。从一名普通的护士到公司总裁的蜕变，就是吴士宏一次又一次战胜自己的结果。她演绎了一段真实的"丑小鸭变白天鹅"的故事。她一次又一次地战胜自己、超越自己，最后凭借自己的才能走到了成功的巅峰。

1973年，刚刚初中毕业的吴士宏被分配到一家街道小医院当护士，可是，吴士宏并不甘心做一名普通的小护士。她觉得自己不应该在这个小医院做一辈子护士，而应该有更高的追求来实现自己的价值，她要挑战命运。于是，吴士宏花了3年的时间，一边在医院急诊室工作，一边自学通过了高等教育的英语考试。

拿到英语专业的文凭后，吴士宏就来到IBM（国际商业机器公司）公司求职。刚刚进入IBM时，吴士宏只是一个普通的基层办事员，每天都要做一些烦琐的行政勤务工作。工作性质和打杂没什么区别。可是，她的身边却有一群真正的白领。在那些白领面前，吴士宏觉得自己就是一只不起眼的"丑小鸭"。于是，她开始有些自卑。有一次，公司的一位同事误以为吴士宏是小偷，这是对吴士宏人格的极大侮辱。这种尊严被伤害的痛苦，刺激着吴士宏不甘心就这样安于现状。她必须奋斗，必须崛起，必须改变自己的命运。

于是，仅有初中文化水平的吴士宏开始了自学。她深知"笨鸟先飞"的道理。知道自己的学历低，她就每天比别人多学6个小时；为了通过计算机考试，她用了整整两个星期的晚上时间看完了所有的考试资料；为了锻炼推销的口才，她把自己关在家里，对着墙壁反复地练习绕口令；为了练习专业术语快读，她不惜练到嗓子充血，不能吃东西。而吴士宏的这一切努力终于换来了成功的喜悦。1998年，吴士宏出任微软中国公司总经理，成为微软有史以来正规学历最低的总经理。1999年10月，吴士宏又出任TCL集团信息产业公司总裁。

我们在看到吴士宏的经历后往往会感叹，从一名普通的护士成长为一个集团的总裁，这简直就是天方夜谭。可是，这看似不可能发生的一切就在吴士宏身上真实地发生了。吴士宏敢于向自己发起种种挑战，敢于一次又一次地超越自己。

试想，如果吴士宏服从命运的安排，不敢向自己发起挑战，那么她现在可能还在那个医院当着一名普通的护士。所以说，凡事不可只报有"足够好"、"已经不错了"的心态，而是要时刻问自己"能不能再好一点儿"、"怎样才能更好"，只有这样，才能在成功的道路上不断进步。

作为职场人必须经常刷新对工作的认识，一个人的成功就是一个不断打破自我极限、充分把握自我潜能、不断追求自身最完美的表现过程，也只有超越自我，才能达到卓越境界。

工作是我们铸就和施展才能的平台。在短暂的人生历程中，在我们所处的和平时代，工作是人生的主要任务，也是检验人能力的方式。才能来自于文化教育和修养，更取决于工作中的培育和铸就。在工作中造就能力，也在工作中施展能力，如此，循环往复，螺旋式上升。当感受到自我

提高、自我实现的乐趣时，对工作的热爱也就存留心底了，也就会抛弃小的得失和恩怨，迸发出对工作的激情，把自己的潜能发挥出来，让自己成为公司最好最完美的员工。

要珍惜自己现在的工作机会，我们就得从平凡处着手，从一点一滴做起，把自己的岗位、自己平凡的工作视为提高自己综和能力的战场。每天都要尽心尽力地工作，尝试在每一件小事中超越自己，从工作标准上超越自己，从工作效率上超越自己，从工作方法上超越自己，久而久之你就会被上司发现，被领导赏识，被同事钦佩。不要抱怨自己的工作平淡无味，不要抱怨上司不赏识你，不要抱怨同事不认可你，因为你还没有足够的业绩和能力，因为你的努力还不够。

在这个竞争日益激烈的年代，如果我们做什么事只追求"基本满意"、"差不多就行了"、"和别人做得一样好"，而没有竭尽全力超越别人，争做第一，那么，我们就难以在激烈的角逐中夺魁！所以，我们只有不断反省，在一点一滴中提升自己、超越自己、追求完美，才能让自己在残酷的竞争中赢得一席之地。

第十章

与其后悔过去，不如奋斗未来

当自己犯下过失时，当过去已成定局时，与其花费时间后悔，不如让自己好好把握现在，为未来奋斗。如果不想让自己在未来对现在后悔，那就走好当下的每一步，为未来奋斗才有实际的意义！

1. 别再为过去后悔，为未来奋斗才有意义

在我们每个人的一生中，谁都难免有“闪失”，会遇到自己感到懊悔的事。当自己犯了错误时，后悔是正常的，因为有后悔才有醒悟，但关键是后悔之后要努力奋斗，不能总在后悔中生活，更不能在后悔中消沉。当过去已成定局，你花费时间再去后悔，仍然于事无补，我们能做的就是好好把握将来。因为每个将来都是以后，既然不想后悔，那就走好每一步，只有走好当下的每一步，我们才不会在未来为今天后悔。所以，无论自己过去犯下多大的过失，都别再为过去后悔，为未来奋斗才有实在的意义！

我们不是上帝，自然不能改变某种定律，也不能左右别人。我们唯一能做的，就是改变自己的想法和做法。我们可以学着泰然处之，坚信在不久的将来，我们会有新的生活，会有一种和现在完全不一样的状态。

纪晨从事管理工作十几年了，在十几年当中，他凭借对工作的热情和认真负责的态度，几乎没有犯过一次错误。但是在去年他亲自面试、考核的一批保安中，有一位保安勾结社会上的一些闲散人员，把公司新购买的几台价格不菲的笔记本电脑偷走了。这给单位造成了重大损失和不良影响，作为行政主管的纪晨自然受到纪律处分，可谓是教训深刻。

纪晨每每想起这件事，都后悔不已，后悔自己招聘保安时，没有仔细查阅那个保安的档案，才让公司受到这么大的损失。在这之后将近两个月的时间里，纪晨一味后悔自己没有尽到责任，对不起公司，对不起领导，对不起同事……这些后悔压在他身上，让他极度消沉、不思进取，以至于工作再次失职受到上级的严厉批评。

上级领导得知此事后，立刻找他单独谈了话，在对他进行批评并做了耐心细致的思想工作后，他终于意识到了自己的问题，并下决心改正。打那以后，他注意从主观上找原因，从哪里跌倒就从哪里爬起来，振作精神，扎实工作，取得了突出成绩，受到领导和同事们一致好评，年底还被升了职。

这个故事告诉我们，对待工作中遇到的挫折，持不同态度，会出现不同的结果。纪晨在后悔中消沉，只会让他工作越来越吃力。后来他醒悟过来后，努力奋起，最终取得了新的进步。对于我们来说，工作失误和挫折在所难免，关键看我们采取什么样的态度去对待它、战胜它。如果一味后悔而不反思，不吸取教训，那只能是更加后悔；如果后悔之后仔细思考，吸取教训，就会变后悔为高兴。所以说，后悔过去不如奋斗未来。

后悔，是一种思想上的自省。古希腊哲人苏格拉底说："人有了人格的自觉，必不甘落为禽兽，而品格也自然而然提高。"俞敏洪说，我们一旦选择做一件事情，原则上是必须做完的，因为做不完，最后会导致一种失败失落的心态，一种挫折痛苦的心态，甚至是一种自卑的心态。

在生活中，我们要善待后悔，因为这个世界永远有选择。往前走会有痛苦，就好比高考，没有人不说高考是痛苦的，但痛苦为什么还要选择往前走？就是因为我们为了未来某一个点，这个点可能是幸福点，也可能是成就点，愿意在现在付出。幸福永远是一个点，而奋斗和痛苦是一条线，只有走完那一条线才能到达那个点。当你选择了、做过了，无论结局是失败还是成功，都不要一味地后悔或炫耀，而是勇敢地站起来继续奋斗，为未来拼搏。

对我们来说，后悔是一个人思想进步的开端，只要因之奋斗就可以从后悔中走出来。面对后悔，我们要做到以下三点：

(1)要清醒地认识自己，多从主观上找原因，辩证地看待成绩和不足，给自己一个客观的评价，尤其是要在看到自己优势的同时，看到自身的不足，在遇到挫折和困境时看到潜在的优势和光明，把自己的位置找准，从而确立在挫折中奋起的信心和决心。

(2)要找准奋斗的起点。后悔主要是对工作过失的一种反思，看问题的症结在哪里，然后通过分析研究，确定好进取的奋斗目标，即努力工作的方向。目标明确，工作就有压力、有动力。

(3)要有扎实的工作行动。就是要按照确定的目标，从点滴做起，不懈地去追求、去奋斗。只有这样，才有可能取得成绩，变后悔为一种新的进步、新的贡献。

2.

把握好现在，才能拥有未来

有人说，人生共有三天：昨天、今天和明天。昨天已经过去，就不要去怀念；明天还未到来，就不要去憧憬；今天就在我们身边，我们只有把握好现在，才能拥有美好的未来。因此，我们不要再停留在过去的回忆中，把握好现在，去弥补自己以前的过错，把握好机会，去创造属于自己的辉煌。

我们要明白这样一个道理，时光一去不复返，你没有时间再去回忆自己的过去，过去的也不可能回到我们身边，“百川东到海，何时复西归?”重要的不是过去，失去过去，你还有现在；拥有现在，就拥有了一笔财富。我们可以用现在的努力奋斗，来弥补过去的遗憾。

把握好现在，需要靠自己的双手，开辟属于自己的人生道路，靠自己的奋斗，实现自己美好的理想。

虽然你现在站在一个平凡的岗位上，但一定要以主人翁的心态做事，百分百努力，那才是正确方向。相信事情只要去做就会有收获，所以未来继续坚持这样的信念坚定不移地走下去，这更是让自己能力提升的唯一方法，没有别的捷径可走。要时刻保持积极向上，这才是未来要走的路。

未来离我们还很遥远，不要因为未来而放弃了现在，那样你将永远不会拥有未来。“一寸光阴一寸金”，把握好现在的一分一秒，努力奋斗，就是在铺垫通向未来的黄金道路。把握好现在，去创造自己美好的未来。

在生活中，只有懂得总结过去的人，才能把握不久的将来，谁不想拥有一个美好的未来呢？我也常鼓励自己，只有你先付出才会有后来丰硕成果，即使目前你看不到不菲的价值回报，只要你不断积累经验、技术、知识、才干——那么这些基础将来一定能成为你事业的坚强后盾。

昨天，是一个很现实而又遥远的名词。也许，昨天你拥有鲜花与掌声，拥有荣誉；也许，昨天你经历过很多难以诉说的失意；也许，昨天对你来说实只是平凡的 24 小时，平淡得像一杯白开水。现在你或许还正沉浸在成功的喜悦之中，回忆着当时那每分每秒的兴奋与冲动；或许你还在懊悔昨天的错误举动，回想着当时一时的头脑发热所酿成的苦果；或许你觉得平淡，甚至感觉不到属于昨天的那 24 小时的流逝，脑子里糊里糊涂或空白一片，那一刻感觉自己像行尸走肉……但是你要记住，时间的脚步一旦走过，昨天就会成为历史，历史是不可以改变的。

昨天就是昨天，它依然是那个样子，不会因为你的追悔或是追忆而改变。明天，一个似乎近在咫尺却又十分模糊的名词。也许，你正在想象着明天我会怎么样；也许，你正因为今天的失败否定明天的成功；也许，你总想把今天的责任推给明天去承担……我们要明白这样一个道理，只要时间的脚步还未到达，谁都无法决定明天，明天就是明天，它不属于现实生活中的你，它是一个永远的未知数，任何人都无法知道自己的明天是怎样的，至少现在办不到。

明天属于未来，也许明天会被你改变，但并不是坐下来空想就能办到的，想拥有明天的主动权，就要看今天。

今天，才是一个完全属于自己，属于现实的名词。今天不会因为昨天的得失而动摇，也不会因为明天的憧憬而失去自我。无论昨天怎么样，一切将如过眼云烟，无论明天怎么改变，今天是属于你的，只有把握今天，才能弥补昨天，创造明天。只有把握现在，才能在明天驰骋风云；只有把握现在，才能充实虚幻的明天；只有把握现在，才能造就明天的辉煌！那些还在时间上徘徊的人，那些还停留在过去、想象未来的人，那些白白虚度光阴的人，不要再犹豫，只有把握现在，才是最理想的选择。

3.

顽强拼搏，为梦想奋斗

人生在世，不能没有梦想。因为梦想是我们未来生活的指路明灯，梦想是催人奋进的号角，梦想具有无穷的力量，它使我们有用不完的劲，它激发我们爆发出无穷的智慧。梦想是精神之柱，是坚定信念，再苦再累也心甘。志存高远，魅力无边。

要想实现心中的梦想，我们唯一的途径就是顽强拼搏，为梦想奋斗。只有满怀激情奋斗过的青春，只有顽强拼搏过的青春，只有为社会为事业做出了奉献，才会给自己留下充实、温暖、持久、无悔的青春回忆。

要实现梦想，必须高瞻远瞩，紧跟时代潮流和步伐，开拓进取，锐意创新，与时俱进。安于现状，安于旧有模式，就会落后，就要被淘汰。开拓创新，事业永兴。生命之树，天天常新；与时俱进，事业常新。

梦想的实现，需要顽强地拼搏和奋斗。我们应该面向梦想，一步步拼搏，拼搏再拼搏，跨入新梦想！在现实中，面对困境，有许多人都曾因缺乏坚强的意志而踌躇不前，甚至自怨自艾成为失败者。而那些成功者，在追梦的路上，不管遇到多大的困难和挫折，依然坚定不移地用智慧和勇气，不断地拼搏、奋斗，勇敢地迎接一个个挑战。

美国电影《决战冰河》是根据真人真事改编的。故事发生在1917年美国南达科他州。18岁的男孩威尔是在农场长大的孩子，在冰天雪地的冬季，全家人就靠父子俩用雪橇运货赚钱，父亲一直盼望威尔能离开农场去上大学。

有一天，威尔收到了大学录取通知书，然而他并不显得十分兴奋，因为学费对家境窘迫的他来讲是一笔不小的数字，因此他想放弃读大学的机会，父亲却坚持让他读大学，去看看农场外面

的世界。正在这时，父亲意外地看到北美洲的狗拉雪橇比赛的消息，为了获得巨额奖金支付儿子上大学的学费，父亲决定参赛。

一家人沉浸在对未来的美好憧憬之中，深谙雪橇之道而且身强力壮的父亲，开始利用平常和儿子一起拉雪橇运货的机会进行训练，父子俩一人驾一辆狗拉雪橇奔驰在茫茫雪原上。在一次训练中，父亲不慎掉进路边水流湍急的冰河之中，威尔立即跑过来拼命拉着雪橇链子想拖父亲上岸，然而雪地湿滑……为了救要滑入水中的儿子，父亲毅然抽刀砍断雪橇链子，在儿子凄厉悲伤的叫喊声中溺水身亡……

父亲的意外去世令整个家庭失去了支柱，威尔和母亲面临着重重困难，前途一片迷茫，债主前来逼债，要母亲拍卖农场，威尔决定参加比赛获取奖金保住农场。这个想法重新点燃了他的希望，为了实现父亲的遗愿，为了自己的大学学费，为了保住自家的农场，威尔说服母亲，决定去参加北美洲狗拉雪橇大赛。

叔叔在半夜里训练威尔并告诉他："你唯一取胜的办法是：别人休息的时候你还在跑！"短短几天的训练之后，威尔怀揣着父亲留下的哨子，带着父亲生前挚爱的哈奇士猎犬和雪橇，还有母亲做的果味儿饼干，踏上了前往比赛地的火车，而此时，他艰难的赛程才拉开序幕……

威尔赶到比赛地的时候，已经错过了报到的时间，所有的选手没有一个人看好他，甚至很多人在嘲笑他，他们都是来自各地的高手，有些选手还是往年比赛的冠军，高手的背后还有各种各样的秘密的支持者和赌局。主办方和在场的记者们没有一个人愿意为迟到的威尔说话，是威尔的执著感动了一位报社记者，这位记者认为如果全程报道这位小伙子参赛，即使他赢不了比赛，也不失为是一条能引人关注的新闻，一定能获得报社老板的青睐。于是，记者说服了主办方准许威尔参赛并帮他交了迟到的罚金和报名费，使他获得了参赛机会。

威尔带着父亲生前挚爱的哈奇士猎犬和雪橇，开始五百多英里的艰难赛程，一路历尽艰辛。在冰雪丛林恶劣天气中奔跑，他比别人睡得晚，比别人起得早，在别人休息的时候他还在跑；挑战不仅仅来自于大自然，威尔的对手中还有人充满了残暴和卑劣，眼看威尔胜券在握，为了赌局获胜甚至有人放狗咬伤了威尔的领头的哈奇士犬，还游说威尔退出比赛并承诺给威尔一半的奖金，威尔有力回击了对手的暴力威胁，坚决拒绝了的金钱诱惑！历尽千辛万苦，威尔经受住了生与死的考验，这是因为，他心里一直想着父亲的遗愿，上大学的梦想……

就这样，一位为了实现梦想、保住家园顽强拼搏的年轻人，引起了媒体的关注和大赛主办方的重视，还赢得了美国民众的支持：他每到一个小镇，都会受到人们夹道热烈欢迎，会有人给他食物，会有孩子来带他抄近路；全国的报纸头版头条都是他的故事，人们都叫他钢铁威尔。主办方也为威尔感动，因为在威尔身上，他们看到了自己曾经拥有过的宝贵的精神财富——当年赤手空拳创业的艰难困苦中那顽强拼搏的精神，和必胜的信念以及成功的过程！在威尔最后一波三折终于赢得了胜利的时候，所有的观众都站起来跳跃和欢呼！

威尔的故事能够给任何人以激励，同时让我们明白，在追梦的路上，顽强的意志能够战胜任何艰难困苦。梦在前方，路在脚下，敢于奉献，勤于奋斗。我们要坚定自己的梦想、保持不断学习的习惯、激发不断奋斗的热情，敢于有梦、勇于追梦、勤于圆梦！

但我们要懂得这样一个道理：梦想要变成现实，必须努力实践、顽强奋斗。路要一步步地走，梦想要靠一步步实现。天上不会掉馅饼。一分耕耘，一分收获。对梦想的追求要在实干中获得，要靠实践去实现；只有勤做苦干，才能把美好的梦想变成现实。要获得皇冠，要摘取皇冠上的珍珠，必须拼搏进取。不吃苦中苦，难为人上人。生命不息，奋斗不止。习近平总书记讲："有梦想，有机会，有奋斗，一切美好的东西都能够创造出来。"

我们要懂得，成就一番事业，不可能一帆风顺，要苦其心智，劳其筋骨，要锐意进取，发愤图强，事业才可能蒸蒸日上。运动健儿，为夺取一块金牌，不知要付出多少辛勤的汗水，冲刺再冲刺，顽强拼搏。成功垂青于艰苦拼搏之人，金牌挂在胸前才永远闪亮！梦想是奋斗出来的，想实现梦想就要敢于拼搏进取、锐意创新，战胜一个又一个困难。困难是挑战者、拼搏勇士手下的败将。

在当今职场上，我们面临的选择很多，我们要耐得住诱惑，经得起考验。要有逢山开路、遇河架桥的意志，为了梦想百折不挠、勇往直前，心存梦想、努力奋斗，打造自己的无悔青春。

(1)有梦想才会努力奋斗。梦想是人生的指路明灯，拥有梦想才会有独立的思想，以此来确立自己的世界观、人生观和价值观。青年一代基层工作者，要端正心态、树立正确且远大的梦想，以此来指导自己的行动，激励自己兢兢业业工作，踏踏实实奋斗。

(2)只有奋斗才能实现梦想。“宝剑锋从磨砺出，梅花香自苦寒来。”梦想从来不是做白日梦，成功永远留给有准备的人。人的品质中最可贵的莫过于顽强拼搏、努力奋斗、自强不息，实现目标和梦想，需要我们树立锲而不舍、矢志不渝的奋斗精神。

4. 努力奋斗，让人生无悔亦无憾

时光荏苒，岁月流逝，人生漫漫而短暂。只有拥有高远的人生目标，永恒的梦想，努力奋斗的历程，才能让我们的人生无悔亦无憾！

历史的年轮久转不止，生命的长河长流不息，心中的追求永不放弃。春华秋实，沧桑岁月，不凡人生，正因为我们曾经全力拼搏、奋斗进取过，才让自己的今生无悔；正因为我们付出过，努力过，即便没有成就辉煌的事业，但那段岁月仍然会让我们的人生无憾。

在自然万物中，高山因为追求参天的巍峨而无畏风雨，流水因为追求不息的奔腾而选择永远前行，青松因为追求坚韧的挺拔而不畏严寒。而我们人类，因为追求人生的梦想，而变得勇敢无畏。

人生的路上风雨不断，成败得失相互循环。正因为人生时时处处充满竞争和挑战，我们才得以扬起人生的航帆乘风破浪勇往直前；正因为有压力的存在，才有动力的产生，从而信心百倍全力打造精彩人生；正因为心中有遥远的梦想与永恒的追求，才得以拥有奋斗进取、顽强拼搏的人生历程！

相信许多人对法拉第这个光辉的名字都不陌生。法拉第为了事业而努力奋斗的故事，让我们感动。他在 1831 年发现的电磁感应现象，宣告了发电机的诞生，开创了电气化的新时代。他毕生致力研究的科学理论——场的理论，引起了物理学的革命。相传法拉第的老师戴维，一个誉满全球、世界公认的大化学家，在瑞士日内瓦养病时，有人问他一生中最伟大的发现是什么，他绝口不提自己发现的钠、钾、氯、氟等元素，却说："我最伟大的发现是发现了一个人，法拉第！"下面这个故事，就告诉我们，法拉第是如何在自己人生的路上，为了梦想而努力奋斗的。

1791 年 9 月 22 日，迈克尔·法拉第出生在一个铁匠的家里。他父亲体弱多病，铁匠铺开不下去了，最后只好盘给人家，自己去当帮工。为了维持生活，法拉第 12 岁当报童，13 岁去里波先生的书店当学徒，学装订手艺。从此，法拉第走上了谋生的道路。

从 13 岁到 21 岁，法拉第在书店里当了 8 年学徒。这正是他长知识、长身体的时期。将近三千个夜晚，法拉第把时间都用在读书和实验上了。

里波先生的书店里，到处是书。这里是智慧的源泉，知识的海洋。法拉第像一块巨大的海绵，在知识的海洋里贪婪地吸吮着。

那时，法拉第为了装备自己的小实验室，经常到药房里去捡别人扔掉的瓶子，花半个便士买一点儿最便宜的药品。他抱着捡来的、买来的东西，回到书店里的阁楼上，心里乐开了花。从那以后，他每天下班以后，就埋头在自己的小实验室里点上一支蜡烛，进行实验。

里波先生的书店在伦敦是很有名气的，加上法拉第手艺出众，态度和气，赢得了顾客的好感。因此，皇家学会很多会员，都乐意把自己的科技书籍送来装订。顾客中有位当斯先生很喜欢法拉第，有一次他送给法拉第4张入场券，让他去皇家学院听大化学家戴维的讲座。

1812年2月的一个晚上，法拉第生平第一次跨进皇家学院的大门，坐在阶梯形的讲演厅里。他的心情紧张而又焦急。戴维终于出现了，大厅里响起一阵阵热烈的掌声。戴维讲的题目是发热发光物质，讲得那么轻松，却又那么透彻。他精神抖擞，神采奕奕，天才的光华和热力，似乎正从他的身上向外辐射。法拉第被深深地吸引住了，他飞快地记着，笔记本翻过一页又一页。

法拉第一连听了戴维的4次讲座，好像游历了美丽、庄严、圣洁的科学殿堂，那里阳光灿烂，照得他心里光明、温暖。他把4次听讲的笔记仔细整理以后，用漂亮的皮封面装订成册。他经常轻轻地翻阅，多么渴望能从事科学研究工作啊！

遗憾的是，在那个时代，命运对穷人从来不露笑脸。它总是一副威严、狰狞的面孔，迫使你对它膜拜和屈服。然而，也有许多穷人并不屈从，他们顽强地和命运搏斗。法拉第就是其中最顽强的一个。

他决定写信给当时的英国皇家学会会长班克斯爵士，要求在皇家学院找个工作，哪怕在实验室里洗瓶子也行。他心神不宁地等了整整一个星期，音信全无。他忍不住跑到皇家学院去打听，得到的回复只是冷冰冰的一句话："班克斯爵士说，你的信不必回复！"

受到这个屈辱的打击，法拉第感到伤心。但他毫不气馁。他想起自己学画的经历。法拉第从小就练得一手好字。至于绘画，他是从一个名叫马克里埃的法国画家那里学来的。那位曾经给拿破仑皇帝画过像，后来横渡英吉利海峡，流亡到伦敦的画家，恰好借住在里波先生铺子的楼上，和法拉第成了邻居。画家看到法拉第学画心切，答应教他。

作为交换条件，法拉第要替画家擦皮靴和收拾房间。画家心眼不坏，教得也很认真，可脾气不好，经常责骂法拉第。法拉第逆来顺受，坚持跟他学画，终于学会了投影和透视，能够逼真地、艺术地把眼前的东西画下来。从这段经历中，他体会到：只有忍辱负重，敢于向命运挑战，才能把本来不属于自己的东西追求到手。

法拉第又一次向命运发起挑战。他鼓起勇气给戴维写信，并且把装订成册的戴维4次讲座的笔记一起送去。法拉第巨大的热情、超人的记忆和献身科学的精神，感动了这位大化学家。法拉第到皇家学院化学实验室当了戴维的助手。科学圣殿的大门向学徒出身的法拉第打开了。

法拉第的故事让我们明白：一个人只有为了梦想而努力奋斗，才能让人生无悔无憾。是的，岁月流逝冲刷不去我们执著的信念，万水千山阻隔不断我们的奋斗之歌。多姿多彩的人生，犹如一幅壮丽的图景，而奋斗进取、顽强拼搏的精神，则是它独特魅力所在，也是它灵魂萦绕的聚点，美好的人生因此而更加辉煌灿烂！

“在我心中，曾经有一个梦……”当我们历尽艰辛、奋斗进取、顽强拼搏一番之后，激动的泪水会印证我们付出的一切，同时会证明我们此生无怨无悔，我们是名副其实的真心英雄！

人生在世，我们将面临许多次选择，你若追求腊梅的气质，则必须具有与寒冬抗争的力量；你若追求峭壁翠竹的精神，则必须就有具抗狂风暴雨的耐性；你若追求菊花的宁静芳香，则必须具有洁身自好、安贫乐道的情怀；你若真正追求人生的梦想，只有坚持不懈的奋斗进取、顽强拼搏，生命之花才能在铺满坎坷荆棘的人生道路上昌盛不衰、芬芳永驻……

在追求梦想的路上，伴着不尽的风吹雨打，我们每个人一路潇洒走来，嘹亮的凯歌声声彻响天空……我们自豪骄傲，我们欢呼雀跃，我们无愧于心，因为奋斗进取顽强拼搏谱写的精彩人声凯歌，是我们人生无悔的选择。

鲜花因盛开而美丽，人生因奋斗而精彩。“世间自有公道，付出总有回报”，人生不以成败论英雄，切勿把眼光仅仅停留在成功的那一瞬间。要知道光彩花环的后面，成功者为之付出了多少倍的努力，流了多少辛勤的汗水，耗费了多少真诚的心血……人生不必处处争第一，坚信只要自己勇敢地接受人生风雨的洗礼，顽强抵抗挫折坎坷的袭击，全力以赴奔向心中永恒的梦想殿堂，那无论结果如何，我们的人生都是无悔的！

在价值多元、观念多样的今天，我们这一代所面临的诱惑、困惑、压力，远比自己的前辈更为复杂。同时加上社会转型、矛盾凸显、不公现象的存在，也使我们的奋斗历程多了许多艰辛。不过，不管我们处于什么样的环境，只要依靠自己不断进取的拼搏精神，必将会创造出属于自己的精彩人生！

·5·

全力付出，为自己赢得一个美好的未来

人间万事出艰辛，越是想得到美好的东西，越需要我们付出艰辛的努力。职场也是同样的道理，我们要想让自己在事业上做出一番成就，就得在工作中全力付出，这样才能为自己打造一个美好的未来。

世界上没有任何一项人类活动，能像工作这样将个人的付出与获取、劳作与生存、为人与为己结合得如此紧密。甚至可以说，工作已成为我们人生的最主要活动，从来没有哪项活动能像工作一样让我们感到如此充实、满足、津津有味和卓有成就。工作既是我们展示才华的舞台，也是让我们拥有美好未来的捷径。我们要认真地做好工作中每一个细节，为了自己的人生价值，坚持不懈地努力，脚踏实地地工作，只有今天认真地付出，才能收获更加美好的未来。

在工作中，我们不要以为把工作尽力完成就足够了，实际上人具有无限潜力:你完全可以干得更出色。卡内基说:“要想获得成功,仅仅尽力而为还不够,还必须全力以赴”。成功偏爱那些全力以赴的人。许多管理者在谈到自己心目中的理想员工时,都特别强调全力以赴的精神和积极进取的激情,正如一位经理所说:“我们所急需的人才,是意志坚定、工作起来全力以赴、有奋斗进取精神的人。我发现,最能干的大体是那些拥有全力以赴的做事态度和永远进取的工作精神的人。做事全力以赴的人获得成功的概率大约占到九成,剩下一成的成功者靠的才是过人天资。”

对于任何一个公司或企业来说,只有那些对工作全力以赴的人,才是企业最宝贵的财富。他们总是能焕发出激情,想尽一切办法把工作做到出色。

在我们身边,有许多的人都学有所成,颇具才学,似乎具备了成就事业的种种能力,但他们终其一生,却只能从事一些平庸的工作。究其原因,就是他们没有在工作中全力付出,最终结果是,他们没有在工作中实现美好的未来,白白地浪费了自己的人生。

库雷博士说过:“许多青年人的失败都可以归咎于恒心的缺乏。”这种缺失的恒心让他们一遭遇微不足道的困难与阻力,就立刻退缩,裹足不前,或者浅尝辄止,避重就轻,这样的人怎么可以担当重任呢?

在工作中全力以赴、永不放弃,不但会让我们成为公司最受尊敬、受老板重用的人,还会给我们打造一个美好未来。

有人说,在世界上存在着三种人。

第一种是试试看的人。他们从不尽力去做好任何一件事,总是用怀疑的眼光看待别人的成功。不知道他们把激情和干劲儿遗忘在了什么地方,或者说他们从来就没有过激情和干劲儿。这种人永远不可能获得什么成功,即使成功的机会摆在他们面前,他们也会视而不见,他们有的只是犹疑和抱怨。

第二种是尽力而为的人。尽力而为虽难能可贵了,但他们总是有所保留。那保留下来的看似很少,却是最重要的。面对一项工作和任务,当他们说“尽力而为”时,实际上已经不可能期望会有什么出色的表现了。

第三种是在工作中全力以赴的人。无论他们面前的工作有多么容易或困难,他们都是一如既往地全力以赴,力求把每一项工作做得到位、细致,甚至完美。也只有第三种人,不但会成为各个公司争相抢夺的人才,

还会让工作成就自己美好的未来。由此可见，对工作全力以赴的人，最终将让自己在职场上取得双赢，既为公司谋利益，也实现自己的梦想。

身在职场，我们如果不能使自己全身心地投入到工作中去，那么无论做什么工作，都可能沦为平庸之辈。做事马马虎虎，只有在平平淡淡中了却此生。如果是这样，你的人生结局将和千百万的平庸之辈一样。

一个对工作不全力以赴的人，会缺乏热忱，这种人在工作中会是一副无精打采的样子，即使所有的机会都来到他身边，也会让他稀里糊涂地把它们丧失殆尽。法国寓言家拉·封丹曾经说，无论做任何事情，都应遵循的原则是：追求高层次。你是第一流的，你应该有第一流的选择，在工作中注入“热情”，你才会全力以赴。

有个猎人训练了一条凶狠的猎狗，这条狗不但凶而且跑得也快。有一天，他带着这条猎狗去打猎，猎人一枪击中一只兔子的后腿，受伤的兔子开始拼命地奔跑。猎狗在猎人的指示下飞奔去追赶兔子，可是追着追着，由于兔子跑得太快，突然间就不见了，猎狗只好悻悻地回到猎人身边。

猎人开始骂猎狗：“你真没用，追了这么半天，连一只受伤的兔子都追不到！”

猎狗听了很不服气地回道：“我可是尽力了呀！要怨就怨兔子跑得太快了。”

再说兔子带伤跑回洞里后，它的兄弟们都围过来惊讶地问它：“那只猎狗很凶呀，而且听说跑得也相当快，你又带了伤，怎么跑得过它？”

“它是尽力而为，我是全力以赴呀！它没追上我，最多挨一顿骂，而我若不全力地跑就没命了呀！”受伤的兔子感慨地说。

兔子的回答，既让我们真正地领悟到了什么叫“全力以赴”，也让我们明白了，要想让自己全力以赴地去做事情，就得有奋斗目标。

无论是在生活中，还是在工作中，我们要想为自己打造一个美好的未来，就得全力以赴地做好当下的事情。所以，我们不要做那个尽力而为的猎狗，在大好的机会下面错失良机；我们要做那只奋力拼搏的兔子，全力以赴，奋起一搏，从而最终搏得生存下去的机会。明白了这个道理，并以这样的眼光重新审视我们的工作，工作就不再是一种负担，即使是最平凡的工作也会变得意义非凡。

成功不在天赋，而在态度。身在职场，我们要明白，能力并不等于有成绩，但是只要你全力以赴地工作，相信一定会有好的收获的。要想让自己在工作中全力以赴，就得真正用心投入工作中去。本着对自己负责、为公司负责的态度，全心投入工作中，无论遇到任何困难和不开心的事，只要心中有工作，都会克服一切困难，去完成自己的本职工作。态度决定一切。威尔逊说过：要有自信，然后全力以赴，假如具有这种观念，任何事情十之八九都能成功。

我们每个人都有自己的梦想，但实现它只有一个途径，就是在工作中全力以赴。全力以赴并不是意味着不惜一切代价，不达目的誓不罢休，而是意味着我们要付出比别人多几倍的努力和艰辛。这就是人们常说的"成功只偏爱全力以赴的人"。正如卡内基所说："要想获得成功，仅仅尽力而为还不够，还必须全力以赴。"

有一句话说得好："如果付出的比回报得多，最终得到的会比付出得多。"在职场上，全力以赴的工作态度，会让你对工作具有强烈的进取心，保持始终如一的激情，不会让你白白付出的，你会得到与付出相等的收获。因为当你在工作中全力以赴时，你就清楚地知道自己需要的是什么，怎么样才能得到，以及为什么自己一定能得到。

英国哲学家约翰·密尔说："生活中有一条颠扑不破的真理，不管是最伟大的道德家，还是最普通的老百姓，都要遵循这一准则，无论世事如何变化，也要坚持这一信念。它就是，在充分考虑自己的能力和外部条件的前提下，进行各种尝试，找到最适合自己做的工作，然后集中精力、全力以赴地做下去。"

我们要知道，如果自己不在工作中全力以赴，那么自己"美好的未来"是永远不会垂青和眷顾于你的。所以，让我们在工作中鼓起全部的热情，全力以赴地往前冲吧！相信我们打造的那个美好的未来，在我们的努力下将不是梦，而能成为现实！